Luxi soll Leben retten

Ein Welpe auf dem Weg zum Rettungshund

Anna Marie Birken und Viktoria Wagensommer

Impressum

Autoren: Anna Marie Birken, Viktoria Wagensommer
c/o AutorenServices.de
Birkenallee 24
36037 Fulda
Druck und Verlag: vonjournalisten.de, 2020
ISBN: 9789403600963
Coverfoto und -design: Viktoria Wagensommer
Bildbearbeitung: Klaus Keller

Illustrationen: Elisabeth Wagensommer

Inhalt

1 Erstes Kennenlernen

Sieben Welpen purzeln durcheinander, alle mit fuchsbraunem Fell, schwarzen Knopfaugen und dicken weißen Pfoten. Sie spielen, einer trennt sich aber von seinen Geschwistern und kommt neugierig auf mich zu. Der kleine Rüde schnüffelt an meinen Schuhen und lässt sich streicheln. Wie selbstverständlich setzt er sich neben mich und bleibt für den Rest meines Besuchs in meiner Nähe. Ich glaube, wir würden gut zusammenpassen. Züchterin Doris Hoffmann (S. 84) will sich aber noch nicht festlegen. Sie behält es sich vor, den am besten geeigneten Welpen für mich auszusuchen, denn auf den kleinen Vierbeiner wartet eine besondere Aufgabe: Ich bin Mitglied der Rettungshundestaffel Oberallgäu des Bayerischen Roten Kreuzes und der Welpe soll einmal ein Rettungshund werden. Als Helferin in der Staffel konnte ich immer wieder beobachten, dass die Arbeit den Hunden großen Spaß macht – vorausgesetzt, sie sind dafür geeignet.

Die Welpen von Doris Hofmann sind Duck Tolling Retriever, eine etwa kniehohe Retriever-Rasse, die zum Anlocken von Enten gezüchtet wurde. Die aufgeweckten Hunde eignen sich gut für die Jagd und für die Rettungsarbeit. Auf jeden Fall wollen diese Hunde beschäftigt werden, nur Spazierengehen und Gestreicheltwerden reicht ihnen nicht. Die Züchterin weiß, welche Eigenschaften ein künftiger Rettungshund mitbringen muss: Er braucht ein stabiles Nervenkostüm und darf sich nicht leicht beeindrucken lassen, auch wenn es um ihn herum laut oder hektisch wird. Dabei darf er kein Draufgänger sein, der sich selbst in Gefahr bringt. Er soll lernfreudig und zielstrebig sein, und natürlich muss er zutraulich und freundlich gegenüber Menschen sein.

Bei Doris Hoffmann werden schon die Welpen spielerisch auf ihre künftigen Aufgaben vorbereitet: Sie wachsen mitten in einer Familie auf, lernen verschiedene Alltagsgeräusche und Gerüche kennen und dürfen nach und nach die Umgebung erkunden. Schon bei den ersten Spaziergängen zeigt sich, ob ein Welpe neugierig und mutig ist, ob er sich durch Pfützen locken lässt und unerschrocken Feld und Wald erkundet. Später bei der Jagd oder bei einer Vermisstensuche im Wald darf sich der Hund weder von einem dornigen Brombeergebüsch noch von Regen und Dunkelheit abschrecken lassen. Ein Arbeitshund muss hart im Nehmen sein.

Zwei Wochen nach meinem Besuch bekomme ich die Nachricht: Doris Hoffmann hat den kleinen Rüden für mich ausgesucht, der meine Nähe gesucht hat! Ich bin überglücklich und kann seinen Einzug kaum erwarten.

Rettungshundestaffeln in Bayern

In Bayern bilden beim Roten Kreuz etwa 700 Freiwillige ihre Hunde zu Rettungshunden aus. In den meisten Staffeln gibt es zwei Trainingstermine pro Woche. Im Jahr fallen so pro Hundeführer im Schnitt rund 350 Stunden Training an. Dazu kommt das Gehorsam-Üben mit dem Hund im Alltag. Erst wenn er die Rettungshunde-Prüfung bestanden hat, darf der Hund an echten Vermisstensuchen teilnehmen. Bei der Oberallgäuer Staffel klingelt im Schnitt etwa 30 Mal pro Jahr der Alarm, oft mitten in der Nacht, weil zum Beispiel Wanderer oder Senioren abends nicht heimgekommen sind.

2 Einzug

Es klingelt. Endlich! Ich warte schon aufregt: Heute zieht Luxi bei mir ein. Er ist jetzt neun Wochen alt und die Züchterin bringt ihn persönlich zu mir. Die Hündin, die Luxi zur Welt gebracht hat, ist auch dabei. Doris Hoffmann hat die Erfahrung gemacht, dass diese Art der Übergabe dem Welpen und seiner Mutter gut tut. Und sie kann sich ein Bild von Luxis neuem Heim machen. Natürlich habe ich alles für den Welpen vorbereitet: ein kleines Körbchen, Futternäpfe und eine Leine.

Doris Hoffmann ist zuversichtlich, dass sich Luxi zum Rettungshund eignet: „Mit einem Leckerli kriegt man den in jede Arbeit rein", erzählt sie. Bei den ersten Ausflügen ist er mutig durch unebenes Gelände marschiert und ließ sich sogar durch ein Gebüsch oder durch einen Wassergraben locken. Ähnlich unerschrocken erkundet Luxi sein neues Zuhause. Er darf gleich überall herumschnüffeln, er ist interessiert und ich habe den Eindruck, dass es ihm gefällt. Mir gefällt seine freche Art - am liebsten würde ich ihn alles machen lassen und nur Spaß mit ihm haben.

Es wird mir schwerfallen, mit dem kleinen Vierbeiner auch einmal streng zu sein, aber die Züchterin erklärt, dass gleich am Anfang die Fronten geklärt werden müssen: Ich bin seine Leitfigur und er soll sich an mir orientieren. Das ist auch später bei der Arbeit wichtig. „Luxi ist ein stabiler Rüde, er ist nicht aus Zucker, sondern tougher als er manchmal tut", meint Doris Hoffmann. Ich nehme mir vor, konsequent zu sein: Luxi soll nicht auf dem Sofa liegen, nichts vom Tisch klauen und niemanden anspringen. Aber er ist so ein lieber kleiner Kerl, dass ich aufpassen muss, dass ich vor seinem Welpen-Charme nicht dahinschmelze.

3 Das erste Training

Luxi ist gerade fünf Tage bei mir, als er zum ersten Mal bei einem Training der Rettungshundestaffel dabei sein darf. Meine Staffelkollegen sind schon gespannt auf ihn und kommen neugierig zu meinem Auto gelaufen, als ich ankomme. Ich öffne die Heckklappe und Luxi wird mit einem Konzert aus „Oh, wie süß", „Mei, ist der nett" und „So ein süßer Bolle" von der Staffel empfangen. Vom Treffpunkt des heutigen Trainings fahren wir mit dem Einsatzauto in eines unserer Übungsgebiete im Wald. Das Autofahren in der Gitterbox kennt er schon, aber das Einsatzfahrzeug mit mehreren Hundeboxen ist neu für ihn. Während seine Box-Nachbarn, ein Hovawart und ein Schäferhund-Mischling, ihre Boxen voll ausfüllen, sitzt der Welpe etwas verloren in seinem Abteil. Trotzdem zeigt er keine Angstsignale. Die Gelassenheit der erwachsenen Hunde gibt auch dem Welpen Sicherheit. Der Fahrer nimmt die Kurven extra sanft, damit der Kleine das Gleichgewicht halten kann und nicht gegen die Seitengitter fällt. Schon nach etwa zehn Minuten sind wir angekommen. Im Wald liegt noch Schnee und es ist um 18 Uhr schon dunkel. Für den Welpen soll es trotzdem nicht schwierig werden. Er soll einfach mal reinschnuppern, die Übungsatmosphäre, neue Leute und fremde Hunde kennenlernen. Ausbilderin Ulli Tiebel will erreichen, dass Luxi das Training toll findet. Er soll seine Arbeit später gern machen. Jetzt wird der Grundstein dazu gelegt.

Wir sind alle gespannt, wie Luxi sich verhalten wird. Alles ist ja ganz neu für den Welpen. Ist er neugierig oder erst mal ängstlich, wenn hier im Dunkeln fremde Menschen auf ihn zukommen, ihn streicheln und mit ihm sprechen? Nein, Luxi zeigt keine Angst, er freut sich über jeden, der sich mit ihm beschäftigt und lässt sich gleich zum Spielen animieren. Und wir freuen uns über seine lustigen Sprünge und seine frechen Spielaufforderungen. Ausbilderin Ulli hat eine erste Aufgabe für uns beide: „Jetzt läufst Du weg, und dann rufst Du ihn. Und wenn er kommt mit seinen kurzen Beinen, freust Du Dich total und spielst mit ihm. Ok, dann lauf!" Ich bin noch gar nicht richtig weg, da kommt Luxi schon hinterher, hopst um mich herum, ist offenbar begeistert von meinem Lob und sofort zum Spielen aufgelegt. Das erste „Training" ist ein Erfolg für uns beide: Luxi ist zutraulich und motiviert und benimmt sich genauso, wie man es sich von einem künftigen Flächen-Rettungshund wünscht.

Flächen-Rettungshund

Ein Flächen-Rettungshund sucht ohne Leine eine bestimmte Fläche selbstständig nach menschlichem Geruch ab. Der Hundeführer zeigt ihm, wo er suchen soll, zum Beispiel in einem Waldstück oder auf einer Wiese. Außerdem wählt er eine Suchstrategie, die es dem Hund möglichst leicht macht: beispielsweise so, dass der Wind dem Hund den menschlichen Geruch in die Nase tragen kann und nicht von ihm wegweht. Spezialisierte Flächenrettungshunde sind Lawinenhunde, die nach menschlichem Geruch auf einem Schneefeld suchen, oder Trümmerfeld-Rettungshunde, die zum Beispiel Verschüttete nach einem Erdbeben suchen sollen. Ein weiterer Spezialfall sind die sogenannten Mantrailer. Sie bekommen einen Geruchsträger, wie zum Beispiel ein T-Shirt des Vermissten, vor die Nase gehalten und verfolgen dann die Spur genau dieses Menschen (siehe Infokasten S. 67). Flächenrettungshunde suchen ohne Geruchsträger nach jeglichem menschlichen Geruch.

Wenige Stunden alt

Kurz nach dem Einzug

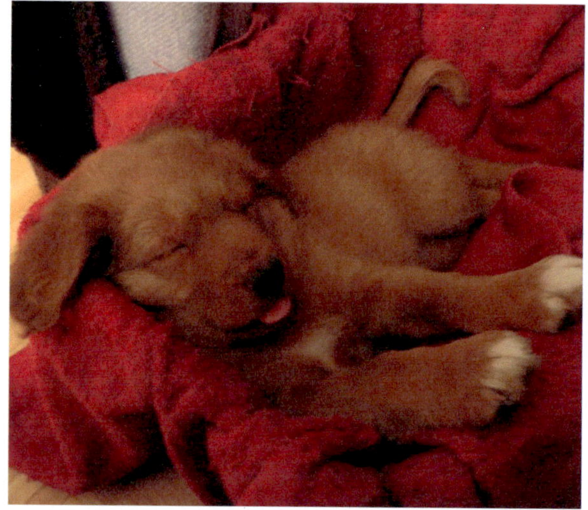

Beim Entspannen

Beim ersten Training

4 Grunderziehung

Wenn ich meine Schuhe binde, wenn ich koche, wenn ich Zeitung lese – bei allem, was ich mache, schaut mir Luxi interessiert zu. Er sieht putzig dabei aus: Er zieht die Augenbrauen nach oben und verfolgt jede Bewegung von mir, als dürfe er nichts verpassen. In seinem jungen Alter ist er besonders aufnahmebereit für neue Eindrücke. Er ist in der Prägephase, er kann es kaum erwarten, mit all seinen Sinnen die Welt zu erobern.

Für mich als frischgebackene Welpen-Besitzerin bedeutet das, dass der kleine Hund viel Aufmerksamkeit braucht. Zugleich ist er aber auch bereit, sich meinem Alltag anzupassen und sich ganz eng an mich zu binden. Alles, was wir jetzt gemeinsam machen, hat Einfluss darauf, ob wir zu einem guten Team zusammenwachsen. Das ist wichtig für unser Zusammenleben, und es ist Voraussetzung für die künftige Rettungshundearbeit.

Einmal pro Woche steht für Luxi und mich jetzt Hundeschule auf dem Stundenplan – zusätzlich zu zweimal Rettungshundetraining pro Woche. Ausbilderin Ulli sagt, dass man mit kurzen Übungen ruhig schon im frühen Alter anfangen kann: „Man muss natürlich aufpassen, dass man ihn nicht überfordert und er den Spaß daran nicht verliert. Aber das, was wir ihm jetzt beibringen können mit Spaß, mit Freude, mit Spiel, das macht er dann sein Leben lang gerne.“ Die erste und zunächst wichtigste Übung ist, dass er lernt, auf meinen Ruf zu kommen. Ulli hält den Welpen dazu fest, und auf den Ruf „Luxi“ darf er zu mir rennen. Junge Hunde machen das oft intuitiv richtig. Es geht noch nicht darum, Luxi von einer anderen Beschäftigung abzurufen, dafür ist er noch zu klein. Aber wenn er mich aufmerksam beobachtet und mir sowieso nachlaufen will, bestärke ich ihn durch Ruf und Lob.

„Erziehung bedeutet in diesem Alter Lob für jede Kleinigkeit, die er richtig macht“, sagt Ulli. Sie ermutigt mich dazu, ihm immer wieder schon allein dafür ein Leckerchen zu geben, dass er mich anschaut. Denn so ist er auf mich konzentriert und in einer aufnahmebereiten Haltung, die das Üben mit ihm erleichtert. Bei meinem ohnehin lernbegierigen Luxi klappt das zu Hause hervorragend: Schon nach kurzer Zeit kann er Kommandos wie „Sitz“ und „Platz“. Da er sehr verfressen ist, wartet er brav auf sein Leckerchen, bevor er wieder aufsteht. In der Hundeschule ist es für Luxi dagegen so spannend, die anderen Hunde zu beobachten, dass er nicht stillhalten kann. Ulli rät mir, Luxi in der Hundeschule schon für kurzes Sitzen- oder Liegenbleiben zu belohnen, denn die Übung ist in einer ungewohnten und aufregenden Umgebung viel schwieriger als in der ruhigen Alltagsumgebung zu Hause. Erst wenn die Kommandos auch im Wald, in der unruhigen Fußgängerzone und im Park neben spielenden Hunden klappen, beherrscht er sie wirklich. Bei Luxi ist das besonders wichtig, denn eines Tages soll er die Rettungshunde-Prüfung bestehen: auf einem fremden Gelände, umgeben von fremden Hunden und mit einem lampenfiebrigen Frauchen am anderen Ende der Leine.

Belohnung im Training

Für Fortschritt im Training spielt Belohnung eine entscheidende Rolle. Da der Hund den Hintergrund der Übungen nicht kennt, ist die Belohnung für ihn die einzige Motivation, das gewünschte Verhalten erneut zu zeigen. Was für den Hund eine passende Belohnung ist, ist individuell verschieden. Ob das Training erfolgreich ist, hängt also stark davon ab, ob man für den Hund die passende Belohnung findet. Viele Hunde haben ein Lieblingsfutter, für das sie gerne arbeiten. Bei anderen sind das Lieblings-Spielzeug und das Spiel mit dem Menschen der Grund, aus dem sie sich besonders anstrengen. Besonders wichtig sind auch lobende Worte, Streicheleinheiten und spürbare Begeisterung des Besitzers.

5 Luxis erster Beller

„Wau", Luxi staunt sein Spiegelbild an und lässt einen Beller los. Begrüßt er einen vermeintlichen Spielgefährten? Er weiß wohl noch nicht, was er von dem Hund im Spiegel halten soll. Sonst bellt er nur, wenn er mich zum Spielen auffordern will. Es ist ein leises, lustiges Welpen-Bellen. Später als Rettungshund soll Luxi laut und anhaltend bellen, um anzuzeigen, dass er einen Vermissten gefunden hat. Luxi soll deshalb lernen, im Training zu bellen, also seinen ersten Rettungshunde-Beller von sich zu geben.

Als Luxi etwa drei Monate alt ist, probiert Ausbilderin Ulli zum ersten Mal, ihn zum Bellen zu motivieren. In einem leerstehenden Haus, das wir als Trainingsort nutzen dürfen, setzt sie sich auf den Boden und spielt ausgelassen mit Luxi: Sie bewegt seinen Lieblings-Teddybären schnell über den Boden und Luxi saust fröhlich hinterher. Immer wieder darf er hineinbeißen, den Teddy schütteln und umherwerfen. Besonders toll findet er es, wenn Ulli den Bauch des Bären eindrückt, denn dann quietscht er. Luxi ist ganz aus dem Häuschen und jagt dem Bären immer schneller hinterher. Meine Staffelkollegen und ich stehen rund herum und lachen über die scharfen Haken, die er schlägt. Als Luxi gerade richtig in Fahrt ist versteckt Ulli den Teddy plötzlich unter ihrem Bein. Luxi ist sichtlich erstaunt, schaut Ulli mit großen schwarzen Knopfaugen an und schleckt sich aufgeregt die Lefzen. Man sieht ihm seine Anspannung an, er tapst aufgeregt von einem Bein aufs andere. Er gibt einen kleinen Winsler von sich und schon wirft ihm Ulli den ersehnten Teddy zu. Er soll nach und nach für immer lautere Winsler und schließlich dann fürs Bellen belohnt werden. Ulli sagt, er muss von selbst auf die Idee kommen, zu bellen: „Wir wollen dem Hund nicht beibringen, auf Kommando zu bellen. Ein Vermisster, den der Hund eines Tages vielleicht mal findet, wird dem Hund ja auch nicht das Kommando fürs Bellen geben. Der Hund soll aus eigenem Antrieb bellen in der Erwartung, dass er dafür eine Belohnung bekommt." Ulli lässt Luxi jetzt immer wieder kurz mit seinem Spielzeug spielen, dann nimmt sie es unvermittelt wieder weg. Luxi wird sichtlich aufgeregter, er zittert leicht und schließlich sprudelt der erste leise Beller aus ihm heraus. „Feine Maus", ruft Ulli und wirft ihm den Teddy zu. Alle freuen sich, dass Luxi seine Aufgabe so schnell verstanden hat, und loben ihn, als er mit seinem Teddy im Maul eine Ehrenrunde dreht. Luxi merkt, wie begeistert alle sind, und bellt beim Spiel mit Ulli immer lauter.

Fürs Training freut es mich sehr, dass Luxi so große Freude am Bellen gewinnt. Zu Hause in der Mietwohnung muss er allerdings weiterhin leise sein. „Kein Problem", sagt Ulli. „Hunde werden durch das Bellen im Rettungshundetraining nicht allgemein zu Kläffern. Sie bellen nur dort, wo sie auch ihre Belohnung dafür bekommen". Tatsächlich scheint Luxi das von Anfang an unterscheiden zu können: Zu Hause bleibt er still, nur im Training werden seine Beller von Woche zu Woche immer lauter.

Neuschnee

Lieblingsspielzeug

Erste Vorführung

6 Luxis Krankheit

Plötzlich schreit Luxi, wenn ich ihn anfasse. Er hat starke Nackenschmerzen, streckt den Kopf steif nach vorn und kann ihn kaum drehen. Die Tierärztin in Kempten geht von einem Infekt aus, Fiebersenker und Schmerzmittel helfen aber nur einen Abend lang. Am nächsten Morgen, als ich wieder in der Praxis bin, stellt sie Blutarmut fest, ist ratlos und schickt mich in die Tierklinik nach Wasserburg. Luxi rührt sich kaum noch, hat hohes Fieber, helle Schleimhäute und keine Kraft mehr.

Ich mache mir riesige Vorwürfe, denn kurz bevor Luxi krank geworden ist, hat unsere Staffel nach einem vermissten Mann in Füssen gesucht. Ich war als Helferin dabei, und Luxi musste im Einsatzauto warten. Hat er sich erkältet? Die Tierärztin in der Tierklinik Imke Janthur (S. 84) versucht, mich zu beruhigen. Sie glaubt nicht, dass sich Luxi während des Einsatzes erkältet hat, denn er war nur etwa eine Stunde allein, und im Auto war es recht warm. Sie geht aufgrund der Symptome eher von einer angeborenen Autoimmunkrankheit aus: SRMA (Steroid-Responsive Meningitis-Arteriitis), eine nicht ansteckende Rückenmarksentzündung, die immer wiederkehren kann. Sie kommt bei bestimmten Rassen häufiger vor, unter anderem eben auch bei Duck Tolling Retrievern wie Luxi. Um sicher zu gehen, will die Tierärztin eine Gehirnwasserpunktion machen. Mit einer ziemlich dicken Nadel wird dabei in Luxis Hinterkopf gestochen und Gehirnwasser abgesaugt. Bis zu seinem OP-Termin muss er ein Wochenende lang mit Fieber durchhalten. Ich passe Tag und Nacht auf ihn auf. Um das Fieber im Griff zu behalten, messe ich immer wieder seine Temperatur, gebe nach Bedarf Fiebersenker und mache Wadenwickel. Ich wünsche mir dabei nur eins: dass Luxi wieder gesund wird!

Als ich ihn zur Tierklinik bringe, bin ich sehr aufgeregt: Wird er den Eingriff nach vier Tagen mit hohem Fieber gut überstehen? Wird er jemals wieder so lebhaft und fröhlich wie vor der Krankheit? Während Luxi im OP ist, gehe ich im Flur der Tierklinik auf und ab. Ob Luxi irgendwann wieder ins Staffeltraining kann, ist mir in diesem Moment egal. Hauptsache, er wird wieder gesund. In den vergangenen Monaten ist er mir sehr ans Herz gewachsen, und ich bekomme Herzrasen bei dem Gedanken, dass ich ihn verlieren könnte.

Schließlich kommt Imke Janthur mit Luxi auf dem Arm aus dem OP. Er ist noch benommen, aber offenbar hat er die Punktion gut überstanden. Er hat tatsächlich SRMA und bekommt jetzt Cortison. Erstaunlich schnell hat er keine Schmerzen mehr und seine Lebensfreude kehrt zurück. Schon wenige Stunden später, als wir wieder zu Hause sind, ist er wie ausgewechselt. Beim Wäscheaufhängen fällt mir eine Socke auf den Boden. Luxi rennt freudig zu ihr, nimmt sie ins Maul und schüttelt sie. Eigentlich darf er nicht mit Wäsche spielen, aber ich freue mich so über seine Vitalität, dass ich ihn machen lasse. Es wird nicht der einzige Erziehungsvorsatz bleiben, den ich wegen Luxis Krankheit über Bord werfe.

7 Endlich wieder Training

Ein paar Wochen lang trägt Luxi jetzt ein Halstuch gegen die Kälte, denn bei der OP musste sein kompletter Hinterkopf rasiert werden. Das Cortison schlägt gut an, richtige Entwarnung kann die Tierärztin Imke Janthur aber noch nicht geben, denn Luxis Immunsystem ist durch die Krankheit geschwächt. Wichtig ist jetzt, dass er nicht in Kontakt mit Hunden kommt, die Husten oder andere ansteckende Krankheiten haben. Auch anstrengen sollte er sich nicht zu sehr, damit er keinen Rückfall bekommt. Frühestens in einem Jahr kann Luxi als geheilt gelten. „Zum Glück ist es aber eine Krankheit, die sich vollständig auswächst," sagt die Tierärztin. „Wenn man es lange genug therapiert, ist es anschließend wirklich ausgestanden."

Die Ratschläge der Tierärztin versuche ich konsequent zu befolgen: Ich meide Orte, an denen Luxi mit vielen Hunden in Kontakt kommt, und mache nur kleine Spaziergänge mit ihm. Um einen möglichen Rückfall sofort zu erkennen, messe ich ständig Fieber. Oft nur, um sicherzugehen, dass es nicht seine Krankheit ist, wegen der er sich schlafen legt, sondern ganz normale Müdigkeit. Als Nebenwirkung des Cortisons fällt mir auf, dass Luxi bei Bewegung etwas schneller hechelt als sonst und dass er noch verfressener ist als gewöhnlich. In der Küche brauche ich ihm nur kurz den Rücken zuzudrehen, schon versucht er, Essbares zu klauen. Wenn ich ihn dabei erwische, schimpfe ich mit ihm – allerdings viel zu wenig streng. Er tut mir leid mit seinem Heißhunger, und ich kann verstehen, dass er Brot, Käse, seinem Lieblingsgemüse Gurke und weiteren Lebensmitteln nicht gut widerstehen kann. Ich weiche darauf aus, ihn nicht unbeaufsichtigt in die Küche zu lassen. Die konsequente Erziehung muss warten.

Was Luxi dagegen weiterhin dazulernt, sind die Gehorsams-Aufgaben, die wir später einmal für die Rettungshunde-Prüfung brauchen. Um „Sitz", „Steh" und „Platz" in unterschiedlichen Situationen auseinanderhalten zu können, muss er sein kleines Köpfchen ziemlich anstrengen, und er freut sich riesig, wenn er es richtig schafft. Da das Üben für ihn körperlich nicht anstrengend ist, nutze ich es, um Luxi trotz kurzer Spaziergänge etwas Abwechslung zu bieten.

Nach ein paar Wochen ohne Fieber und Schmerzen gibt die Tierärztin grünes Licht, dass Luxi wieder mit ins Rettungshundestaffel-Training darf. Ausbilderin Ulli ist sicher, dass Luxi an kleinen Aufgaben wieder Freude hat. Auch ihr ist aber bewusst, dass seine Lebendigkeit täuschen kann: „Leute, die ihn nicht so oft sehen, denken, er hat überhaupt nichts: Er ist motiviert und er winselt jetzt schon, weil er anfangen will." Aus zwei Gründen dürfen wir ihn aus ihrer Sicht aber nicht überfordern: erstens wegen der Gefahr eines Rückfalls und zweitens, weil Luxi den Spaß am Rettungshundetraining behalten soll. Durch das Cortison hechelt er bei

Bewegung ja schneller und es strengt ihn schneller an. Die Aufgaben bei der Rettungshundestaffel sollen für ihn aber nicht mühsam sein, sondern Spaß bedeuten, und zu große Aufgaben könnten jetzt seine Motivation kosten. Luxi darf also wie in der ersten Trainingszeit wieder ganz leichte Welpen-Aufgaben lösen. Einer aus der Gruppe läuft weg, Luxi läuft hinterher, man spielt kurz mit ihm – das ist alles. Schnelle Trainingsfortschritte und neue Übungen sind jetzt nicht möglich. Geduld ist gefragt.

8 Trainingslager und Naseneinsatz

„Und hoch!" Auf dieses Kommando heben drei Staffelkollegen und ich das Dach des Versorgungszelts an. Hier werden wir in den kommenden neun Tagen unser Essen zubereiten. In der Zollhundeschule Neuendettelsau in Mittelfranken findet im Juli das alljährliche Trainingslager mehrerer befreundeter Rettungshundestaffeln statt. Ich freue mich darauf, ein paar Tage mit meinen Staffelkolleginnen zusammen zu sein, die mittlerweile zu Freundinnen geworden sind. Und ich bin neugierig auf den Erfahrungsaustausch mit den etwa dreißig anderen Hundeführern, denn es sind Teilnehmer aus Luxemburg, Frankreich und Bayern mit dabei. Gerade hat uns Jerry Ast begrüßt, der Staffelleiter aus Luxemburg. Er war schon beim ersten internationalen Training vor über zwanzig Jahren dabei und erzählt uns, dass das Gelände vor dem Zweiten Weltkrieg als Munitionsdepot genutzt wurde. Deshalb gibt es hier zahlreiche alte Bunker. Ein ideales Trainingsgelände, findet Jerry, in dem locker vierzig bis fünfzig Hunde gleichzeitig arbeiten können, ohne dass einer dem anderen in die Quere kommt. Nach dem Krieg konnte der Zoll hier ein Übungsgelände für Schutz- und Spürhunde einrichten, und längst sind auch Rettungshunde regelmäßig zu Gast.

Ich bin froh, dass Luxi nach seiner Krankheit wieder so fit ist, dass wir uns zum Lehrgang anmelden konnten, denn wir haben ein wichtiges Ziel: Luxi soll lernen, bei der Suche seine Nase gezielt einzusetzen. Bisher verlässt er sich vor allem auf seine Augen und hat offenbar noch nicht gemerkt, wie gut seine Nase funktionieren kann. Er ist jetzt zehn Monate alt und kein pummeliger Welpe mehr, sondern ein schlaksiger Junghund. Ich finde, er sieht ein bisschen aus wie ein halbstarker Fuchs mit Schlappohren. Trainerin Ulli hat zum Üben Babypuder mitgenommen und streut es aus, um zu prüfen, aus welcher Richtung der Wind weht. In dieser Richtung versteckt sich unser „Opfer". So ist es für den Hund einfacher, den menschlichen Geruch direkt in die Nase zu bekommen. Der Wind ist ganz wichtig, damit Luxi schnell Erfolg hat, erklärt Ulli. Auch ich als Hundeführerin muss auf die Windrichtung achten, damit ich später im Ernstfall den Hund richtig ansetzen und losschicken kann.

Luxi kann es kaum erwarten, loszurennen und zu suchen. Mike aus der Luxemburger Staffel versteckt sich so im Unterholz, dass er nicht zu sehen ist. Jetzt kommt es allein auf Luxis Nase an. Ulli beobachtet den Hund genau: „Er guckt jetzt immer rechts und links und läuft rechts und links, also er arbeitet schon noch sehr mit den Augen." Aber Luxi scheint zu merken, dass er damit nicht weiterkommt: „Ich glaub, jetzt hat er was in die Nase bekommen, weil er da oben diese Kurve gedreht hat, haste das gesehen? Ja, jetzt hat er´s!" Ulli und ich freuen uns. Genau wie Luxi, denn der darf nach seinem Erfolg mit Mike spielen und bekommt seinen geliebten grünen Ball. Der Helfer bestätigt unseren Eindruck: „Er hat mich nicht gesehen, hat die Runde um Dornen und Brennnesseln gemacht auf mich zu, nicht auf Sicht. Für mich war es die Nase, ja." Das Spiel wird ein paar Mal wiederholt und es scheint, dass Luxi zunehmend den Wert seiner guten Nase erkennt. Immer schneller kommt der Moment, in dem er wie vom Blitz getroffen plötzlich umdreht und in die Richtung läuft, aus der der Menschengeruch kommt. „Hunde müssen nur einmal lernen, ihre Nase richtig einzusetzen, dann geht es wie von selbst", erklärt Ulli. „Ein Hund mit einer langen Nase hat mit Sicherheit 250 Millionen Riechzellen, Luxi vielleicht etwas weniger- sagen wir mal 200, weil er recht klein ist - und der Mensch hat vielleicht fünf, also die können mit Sicherheit viel, viel besser riechen als wir."

Die Hundenase

Die Hundenase ist mit großer Wahrscheinlichkeit der Grund, warum Mensch und Hund schon seit der Steinzeit zusammenleben. Schon damals haben Jäger ihre Hunde mit auf die Jagd genommen. Bis heute ist die Hundenase unersetzbar, trotz hoch entwickelter Technik und obwohl schon viel Geld in die Forschung gesteckt wurde, zum Beispiel bei der Rauschgift- und Sprengstoff-Suche. Die meisten Geräte können bisher nur nach einzelnen Merkmalen suchen, nach einem bestimmten Geruchspartikel in der Luft. Hunde dagegen können unterschiedliche Geruchspartikel mühelos unterschiedlichen Menschen, Tieren oder Stoffen zuordnen. Sie können auch feine Geruchsanteile in Duftgemischen exakt erkennen und unwichtige Störgerüche ausblenden. Zudem setzen sie ihre Intelligenz ein: Sie gehen zum Beispiel sichtbaren Spuren am Boden nach und lernen mit der Zeit dazu, das heißt, sie beziehen in eine Suche frühere Erfahrungen mit ein. So wird ein Rettungshund, der einmal eine Person auf einem Jägerstand gefunden hat, dort in der Regel in Zukunft besonders gründlich vorgehen. So ist der Hund Geräten, die stur nach Programmen funktionieren, buchstäblich immer eine Nasenlänge voraus.

9 Ländervergleich

Auf Bierbänken sitzen wir beieinander, hören Musik und genießen den Feierabend. Nach acht Stunden Training im Wald und in den Bunkern auf dem Trainingsgelände fühlt sich der warme Sommerabend fast wie Urlaub an. Für die Luxemburger ist es ein echter Extra-Urlaub: Sie werden vom Arbeitgeber freigestellt für die Ausbildung im Ehrenamt. Beim Zusammensitzen wird viel gefachsimpelt, und ich finde es spannend zu erfahren, welche Rolle Rettungshunde und Hundeführer in anderen Ländern spielen. Jerry, der erfahrene Staffelleiter aus Luxemburg, erzählt, wie er Staffelmitglieder berät, wenn sie sich für einen Welpen entscheiden wollen: „Das Problem ist einfach, wenn du einen triebstarken Hund hast als ehrenamtlicher Hundeführer, musst du den ‚managen' können. Der fordert mehr als ein Hund, der keine ‚Trieb-Sau' ist. Er reißt sich den Allerwertesten auf, um die vermisste Person zu finden oder die Leute unter den Trümmern." Es ist klar, dass Jerrys Sympathie dem triebstarken Hund gehört, also einem Hund, der einen starken Jagd- oder Beutetrieb hat, denn so ein Hund ist bei der Arbeit besonders motiviert. Allerdings erfordern solche Hunde auch viel Anstrengung bei der Erziehung und Ausbildung, denn der starke Trieb muss in die richtige Richtung gelenkt werden. Ein Jagdhund wie Luxi darf zum Beispiel keine Enten aufstöbern, sondern soll seine gute Nase nur nutzen, um Personen zu finden. Er darf sich nicht von anderen Spuren und Gerüchen ablenken lassen. Wir nutzen also den Jagdtrieb für die Rettungsarbeit und müssen gleichzeitig dafür sorgen, dass der Hund seine Spürnase nur nach unseren Wünschen einsetzt. Wie unserer Staffelleitung im Allgäu ist es dem Luxemburger Jerry egal, ob beispielsweise Schäferhund, Border Collie, Retriever oder Mischling ausgebildet werden. Wichtig ist ihm nur, dass der Hund oder seine Vorfahren aus einer Arbeitszucht stammen statt aus einer Schönheitszucht. Auch für Mischlinge gilt, dass sie viel Arbeitswillen mitbringen sollten.

Arbeitshunde

Hunde waren in früheren Zeiten in erster Linie nützliche Arbeitstiere. Schoßhündchen tauchen nur auf Gemälden des Adels auf. Heute gibt es neben der Schönheitszucht auch differenzierte Aufgaben der Arbeitshunde: Spürhunde erschnüffeln nicht nur Wildfährten, sondern auch Rauschgift, Sprengstoff oder die gefürchtete Unterzuckerung bei Diabetikern. Rettungshunde werden als Flächen-, Lawinen-, Trümmer- und Wassersuchhunde oder Mantrailer (siehe Infokasten S. 67) ausgebildet. Menschen mit Handicap werden von Blindenhunden unterstützt und von sogenannten Assistenzhunden, die zum Beispiel einem Rollstuhlfahrer gewünschte Gegenstände bringen können und damit den Alltag erleichtern.

In Frankreich werden fast ausschließlich Hunde der Rasse Malinois als Rettungshunde eingesetzt. Das sind agile, leichte Schäferhunde mit spitzen Ohren und dunklen Gesichtern. Bei uns sieht man sie vor allem als Polizeihunde. Die französischen Hundeführer sind außerdem nur zum Teil Ehrenamtliche, zum Teil führen sie ihren Hund auch in ihrer Funktion als Berufsfeuerwehrleute. Sie bilden alle Hunde gleichzeitig in Flächen-, Trümmer-, Lawinen- und Wassersuche aus, die Hunde sind also vielseitig einsetzbar. Bei uns dagegen werden die Hunde und vor allem auch die Hundeführer für ihr Spezialgebiet ausgebildet: Die Lawinenhundeführer bei der Bergwacht brauchen andere Kenntnisse und Ausrüstung als unsere Rettungshundestaffel, die vorwiegend in Waldgebieten eingesetzt wird. Hervé Rolland aus Frankreich erzählt, dass dort auch der Gehorsam anders trainiert wird. Er hat beobachtet, dass unsere Hunde im Training fröhlich sind und mit dem Schwanz wedeln. In Frankreich, so erzählt er, schaffen das nur wenige Hundeführer. Die meisten Ausbilder gehen ihm zufolge sehr hart mit den Hunden um. Deshalb klemmen die Tiere bei den Gehorsamkeits-Übungen die Rute zwischen die Beine und legen die Ohren an. Sie haben keine Freude an den Übungen, meint Hervé, und es ist ihm sichtlich unangenehm, davon zu erzählen. Er krault seinen schon etwas grau gewordenen Malinois namens Volt hinterm Ohr. Zweifellos liebt er seinen Hund und will ihm nicht unnötig weh tun. Am Ende des Trainingslagers ist er von den neueren Erziehungsmethoden überzeugt. Er hat gesehen, dass Gehorsam spielerisch und ohne Druck aufgebaut werden kann. Er will sich bei seinen Kameraden dafür einsetzen, es künftig so zu machen. Ich schätze die Ehrlichkeit bei diesem Erfahrungsaustausch, denn nur so können wir voneinander lernen.

Auch ich lerne im Trainingslager viel dazu, vor allem beim Spielen mit den Hunden. Denn zum Beispiel eine Beißwurst aus Stoff wird für den Hund erst dann besonders interessant, wenn man sie richtig bewegt. Auch daran zu zerren, mit dem Menschen am anderen Ende der Beißwurst die Kräfte zu messen, sie zu schütteln und herumzutragen, macht vielen Hunden Spaß. Jeder Hund hat seine eigene Art zu spielen und hat eigene Vorlieben. Je besser man als Mensch darauf eingeht, desto mehr genießt der Hund das Spiel als Belohnung. Der Trainingserfolg hängt also nicht zuletzt vom engagierten Spiel der Trainingskameraden ab. Viele Hunde mögen es, ausgelassen zu spielen. Kurz gesagt: Am liebsten so, dass es für den Menschen schweißtreibend ist.

Einige Monate nach dem Trainingslager gibt es einen weiteren internationalen Austausch. Zwanzig Hundeführer aus dem Iran samt Dolmetscher sind bei einer Übung auf dem Nebelhorn zu Gast. Unser Staffelleiter Christoph Tiebel erklärt ihnen unsere Art der Ausbildung bei der Flächensuche. Er malt eine Skizze in den Schnee und zeigt, wie wir die Hunde zur Suche anleiten und sie zum Bellen motivieren, wenn sie einen Menschen gefunden haben. Das Rote Kreuz engagiert sich auch international für die Arbeit mit Rettungshunden. Ein großes Erdbeben im Iran war der Auslöser für erste Kontakte. Damals gab es im Iran keine Suchhunde, und die vierbeinigen Helfer aus dem Ausland gaben den Anstoß, auch dort Hunde für die Vermissten- und Verschütteten-Suche auszubilden. Seither war der Iran-Delegierte des Roten Kreuzes Mark Hofmann, der gleichzeitig ein Staffelkollege von mir ist, mehrmals im Iran, und gelegentlich kommen auch Iraner nach Deutschland.

In der Trainingspause fragen die Iraner, ob sie Erinnerungsfotos mit unseren Hunden machen dürfen – ein Zeichen, dass sich bei ihnen die Einstellung zu den Tieren geändert hat, sagt Mark. Er freut sich, dass die Iraner jetzt einen Hund streicheln, wenn sie Kontakt zu ihm aufnehmen. Früher näherten sie sich den Vierbeinern nur mit einem roten Overall, zum Schutz vor dem Hund. In dem islamischen Land gelten Hunde als unrein, erklärt einer der Gäste, Amir Shafiee. Grundsätzlich seien die Vierbeiner in Ordnung, aber ein engerer Kontakt sei aufgrund der religiösen Überzeugungen nicht üblich. Jetzt, wo sich die Berührungsängste etwas abgebaut haben, ist der Iran ihm zufolge nach der Türkei das einzige Land im Mittleren Osten, in dem es Rettungshunde gibt. In anderen Ländern sei das nicht denkbar, meint Amir. „A dark red line", eine dunkelrote Linie, sei es, die man nicht überschreiten könne.

Amir wundert sich über die vielen unterschiedlichen Rassen, die in Deutschland eingesetzt werden. Die Iraner arbeiten fast ausschließlich mit männlichen Deutschen Schäferhunden. Der größte Unterschied ist für Amir, dass die Hunde nicht im Zwinger, sondern wie Familienmitglieder mit uns im Haushalt leben. Er beobachtet, dass der starke soziale Kontakt vieles einfacher macht, ob beim Gehorsam, bei der Geschicklichkeit oder bei der Suche. Dass Hund und Halter sich so gut kennen, führt zu einer starken Bindung zwischen Mensch und Tier, schlussfolgert er.

10 Eignungstest

Ein Auto fährt laut hupend vorbei. Manche Hunde sind etwas aufgeregt. Luxi macht sich nichts aus dem Autolärm. Er sitzt neben mir und schaut mich fragend an. Er ist auf mich konzentriert, so, wie es sein soll. Luxi ist jetzt eineinhalb Jahre alt. Wir sind beim Eignungstest in Traunstein. Dass wir den Test bestehen, ist Voraussetzung für die Zulassung zur Rettungshunde-Prüfung. Hier geht es vor allem um das Wesen und das Verhalten des Hundes. Luxi darf nicht ängstlich sein und soll eine enge Bindung zu mir zeigen. Besonders wichtig ist, dass er bei Stress nicht aggressiv reagiert, sondern ruhig und gelassen bleibt. Das bedeutet, dass auch ich als Hundeführerin ganz ruhig bleiben muss, denn meine Stimmung überträgt sich natürlich auf den Hund. Zum Glück stehen noch keine konkreten Aufgaben wie Gehorsam oder Suche auf dem Programm. Wir beide sollen nur zeigen, dass wir ein gutes Team sind und dass wir mit ungewohnten Situationen zurechtkommen.

Ort und Gelände sind für Luxi und mich ebenso fremd wie die Prüfer. Unser Staffelleiter Christoph Tiebel und einige Staffelkameraden mit ihren Hunden sind dabei, um zuzuschauen und uns moralisch zu unterstützen. Vor uns auf dem Boden liegt ein Gitterrost, ein für den Hund unangenehmer Untergrund. Die Prüferin weist mich an, mit dem Hund über das Gitter zu gehen, dann über eine Plane und über raschelnde Folien – kein Problem, denn wir haben immer wieder geübt, auf unterschiedlichem Untergrund zu laufen. Auch das Aufheulen einer Motorsäge, offenes Feuer und das Klopfen auf eine Blechtonne irritieren Luxi nicht. Die nächste Übung ist schwieriger. Jetzt kommen fremde Menschen dazu. Wir müssen einen Parcours mit unterschiedlichen Sicht-Reizen absolvieren, erklärt mir die Prüferin: „Vorbei an der Frau mit dem Schirm, dann die humpelnde Person, durch das Tuch durch und an der Bande entlang, sodass die rollende Tonne auf den Hund zukommt. Dann bleibst du stehen und in zwei Meter Abstand, da lässt sich die Anja fallen und läuft schreiend weg." Luxi darf nicht hinterherjagen und er darf keine Aggression zeigen. Kein Problem für ihn: Er bleibt wirklich ganz „cool", schaut mich nur schwanzwedelnd an und hofft auf sein Leckerli. Auch eine Reihe weiterer Schikanen lassen ihn kalt. Wenn Frauchen sich unbeeindruckt zeigt, ist auch Luxi ganz entspannt. Zum Schluss muss Luxi sich mit Maulkorb von einer fremden Person auf den Arm nehmen und wegtragen lassen und er muss im Slalom an vielen anderen Hunden vorbeigehen, ohne sich ablenken zu lassen. Ich bin froh, dass auch diese letzten Übungen klappen. Natürlich haben wir alles schon mit Staffelkollegen trainiert, aber hier sind ganz fremde Personen und Hunde dabei.

Luxi und alle weiteren Hunde unserer Staffel, die heute angetreten sind, bestehen den Eignungstest. Staffelleiter Christoph lobt uns: „Herzlichen Glückwunsch an alle, war supertoll, ihr habt toll gearbeitet und deshalb gibt es heute für alle Hunde - wir fangen mit dem Luxi an - die Kenndecke, die offizielle". Luxi darf zum ersten Mal die Kenndecke, also das Arbeits-Geschirr mit dem Roten Kreuz, anziehen. Er bekommt sie in der kleinsten Größe, denn er ist der kleinste Hund in der Staffel. Mit der Decke sieht er aber richtig erwachsen aus. Christoph spricht zum ersten Mal davon, dass wir im Herbst, also in etwa acht Monaten, in die Rettungshunde-Prüfung gehen können, wenn Luxi sich weiter so gut entwickelt. Ich bin stolz auf ihn, aber bei dem Gedanken an die Prüfung bekomme ich jetzt schon weiche Knie.

Enger werdender Kreis

Verschiedene Untergründe

Die neue Kenndecke

11 Mythos Rettungshund

Luxi legt sich auf den Rücken und lässt sich den Bauch streicheln – im Laufe der Zeit ist er immer verschmuster geworden. Wenn er mich während des Kraulens anschaut, dann spüre ich, was für ein großes Vertrauen er zu mir hat. Er schaut mich an, als wäre ich ihm wichtig. Doch was fühlt ein Hund wirklich? Würde Luxi sich für mich einsetzen, wenn es brenzlig wäre? Wenn ich beim Spaziergehen im Wald beispielsweise überfallen werden würde?

Fälle, in denen Hunde so etwas tun, kennen wir aus dem Fernsehen. Ich habe beispielsweise eine Szene aus "Kommissar Rex" im Kopf: Ein Polizist ist bei einer Verfolgungsjagd gestürzt und liegt bewusstlos auf den Gleisen. Rex bemerkt ihn, stupst ihn an, legt eine Pfote auf seine Schulter, kann ihn aber nicht wecken. Schon bevor der Zuschauer den herannahenden Zug sehen kann, wittert der Schäferhund die Gefahr und versucht die leblose Gestalt vom Gleis zu ziehen.

Umsonst, er schafft es nicht, der Polizist bewegt sich keinen Zentimeter. Da kommt der Zug – Rex gerät sichtlich in Stress, und der Zuschauer fiebert mit. Eine Nahaufnahme von Rex' Gesicht zeigt: Er hat einen Einfall. Er läuft dem Zug entgegen, bellt aus Leibeskräften und stellt sich schützend vor den Polizisten. Endlich bemerkt ihn der Lokführer und bremst. Es quietscht, Funken fliegen und der Zug kann im letzten Moment noch bremsen. Wir Zuschauer atmen auf. Rex hat es geschafft!

Natürlich wissen wir, dass ein Hund so einen Einfall in der Realität nicht haben würde. Er kann keine komplexen Zusammenhänge verstehen, wie Rex, Lassie, „Ein Hund namens Beethoven" oder andere Filmhunde. Trotzdem haben die Filme und Bücher über heldenhafte Hunde einen Mythos geschaffen, der das Bild von Rettungshunden beeinflusst. Aus meiner Sicht haben Filmhunde und Rettungshunde aber nur eines gemeinsam: Sie sind minutiös ausgebildet und sind mit ihren Frauchen und Herrchen ein eingespieltes Team. Beim Filmen steht oft der Trainer neben der Kamera und gibt dem Hund Handzeichen, damit er richtig reagiert. Rettungshunde helfen nicht aus Mitgefühl gegenüber vermissten Menschen in einer Notlage. Sie tun es, weil sie für das antrainierte Verhalten eine Belohnung bekommen oder schlicht Anerkennung von ihrem Besitzer.

Es ist eine schöne Vorstellung, Hunde als mitfühlende Helfer zu sehen. Ich selbst habe allerdings noch nie einen Hund aus Eigeninitiative helfen sehen. Auch Luxi könnten wir das Vermisste-Suchen ohne seine grünen Bällchen nicht antrainieren. Ich als Hundeführerin kenne den Zweck der Übungen, aber er kann ihn nicht verstehen. Hilfe können wir nur als Team leisten. Wenn ich selbst vermisst werden würde, würde ihm meine Anleitung fehlen. Deshalb bin ich nicht einmal sicher, ob er selbstständig nach mir suchen würde. Ich bin mir auch nicht sicher, ob er mich vor einem Angreifer beschützen würde, denn er bekommt schnell Angst bei Aggression und sucht meine Nähe als Schutz. Luxi ist kein Held, kein Rettungshund wie im Mythos. Beeindruckt bin ich von ihm und anderen Rettungshunden trotzdem: nicht, weil sie selbstständig Menschen retten könnten, sondern weil sie in der Lage sind, so eng mit uns Menschen zusammenzuarbeiten. Oft habe ich das Gefühl, dass Luxi auch ohne Belohnung versucht, es mir recht zu machen. Er wirkt, als genieße er es schlicht, an einem Strang zu ziehen und meine Zuneigung zu spüren.

Rettungshund Barry

Der erste bekannte „Rettungshund" war wohl der Lawinenhund Barry. Bis heute ist er als Plüschhund ein beliebtes Souvenir aus den Schweizer Bergen. Im Naturmuseum Bern steht er ausgestopft hinter Glas und schaut die Besucher mit dem typischen sanften Bernhardinerblick an. Er soll mehr als vierzig Menschen das Leben gerettet haben. Um 1800 war er auf dem Großen Sankt Bernhard-Pass mit Bergführern der Augustiner-Chorherren unterwegs. Durch sein Bellen, so wird überliefert, hat Barry die Chorherren auf verunglückte Wanderer aufmerksam gemacht. Mit seinen großen Pfoten soll er sogar von Lawinen verschüttete Menschen ausgegraben haben. Deshalb gilt er als Urvater der Rettungshunde und wurde schon früh als Wohltäter gefeiert. Das Schnapsfässchen am Hals ist wahrscheinlich nur eine Legende. Barry hatte vermutlich eine süße Flüssigkeit und ein Stückchen Brot als Stärkung dabei.

12 Verhältnis Mensch – Rettungshund

Luxi trippelt aufgeregt über das Messegelände in Landshut. Immer wieder schaut er mich fragend an – er spürt, dass auch ich aufgeregt bin. Ich bin mit Martin Rütter verabredet, Deutschlands bekanntestem Hundepsychologen, den viele aus dem Fernsehen kennen (S. 85). Vor einem seiner Auftritte in einer vollen Messehalle nimmt er sich Zeit, sich mit Luxi und mir zu treffen. Mich interessiert, was er zur Erziehung eines Rettungshunds sagt und was sich aus seiner Sicht in der Beziehung zum Hund verändert, wenn man ihn zum Rettungshund ausbildet.

Während wir uns begrüßen, darf sich Luxi in dem kleinen Konferenzraum umsehen. Schnell fällt Martin Rütter auf, dass der Vierbeiner aufgeregt ist: „Der versucht jetzt unterschiedliche Dinge: Erst fängt er an, an deinem Arm zu knabbern, dann gähnt er, dann macht er Geräusche, jetzt fängt er an, sich hier zu wälzen. Er kommt aber immer wieder und nimmt zu dir Kontakt auf. All das, was der jetzt macht, dient dazu, Dich herauszufordern so nach dem Motto: 'Komm, irgendwie können wir doch was tun miteinander'". Für Martin Rütter ist das ein typisches Arbeitshunde-Verhalten. Er hat es bisher selten erlebt, dass sie unmotiviert sind. Häufiger kommt es vor – gerade bei den als Arbeitshunde geeigneten, temperamentvollen Rassen – dass sie übermotiviert sind. Zur Verantwortung des Hundehalters gehört es dann, nicht auf jeden Spielwunsch einzugehen und den Hund auch mal zu ignorieren. Sonst besteht Rütter zufolge die Gefahr, dass der Hund durch die Arbeit hyperaktiv wird: „Sehr häufig wird da leider die Ungeduld gefördert. Ich will ja, dass er Alarm macht, wenn er jemanden findet. Er wird ja auch bestärkt für seine Ungeduld. Er geht ja nicht hin, findet einen Verschütteten und sagt: 'Ich zeige vorsichtig auf und sag, da ist jemand', sondern er soll ja dann Randale schlagen."

Deshalb ist die klare Trennung zwischen Arbeit und Freizeit Rütter zufolge enorm wichtig: „Das ist für die Hunde schwer, aber noch schwerer ist es für die Menschen", sagt er. Denn als Hundeführer will man seinen Hund ja fördern und man freut sich, wenn er seine Arbeit gern macht. Trotzdem sollte man sich nicht dazu hinreißen lassen, den Hund Aktivität initiieren zu lassen, mahnt Rütter: „Luxi sagt: 'Komm wir machen noch was' und du hast im Kopf 'Ja okay'. Und das ist ein Problem, denn du machst ihn damit unruhig." Rütter rät mir, Luxi nicht zu oft Aufmerksamkeit einfordern zu lassen. Nur so akzeptiert er, dass er warten muss und kommt zur Ruhe.

Natürlich frage ich Martin Rütter auch, wie seine Erfahrung mit Rettungshunden und ihren Hundeführern ist. Unterscheidet sich ihre Beziehung im Vergleich zu Familienhunden und ihren Besitzern? Er meint: „Grundsätzlich ist ja Arbeit für den

Hund erst mal eine Spielform. Spielen ist ein extrem bindungsförderndes Element, also sich mit einem Hund zu beschäftigen, mit ihm Dinge zu machen, fördert die Bindung extrem." Im besten Fall entsteht dann eine Beziehung, wie sie laut Rütter in der Natur einzigartig ist: „Der Hund ist ein Lebewesen, der einen Artfremden als vollwertigen Sozialpartner sehen kann. Also dein Hund weiß, dass du kein Hund bist, aber er kann dich mindestens so wichtig finden wie einen Hund. Das können andere Tiere nicht. Das kann ein Affe nicht, ein Pferd nicht, ein Delfin nicht, Hunde können das. Das bedeutet, er hat auch eine hohe soziale Forderung an uns." Dass Luxi versucht, meine Aufmerksamkeit zu bekommen, ist Rütter zufolge also auch ein Zeichen dafür, dass er eine gute Bindung zu mir hat. Mittlerweile hat sich Luxis Aufregung gelegt. Während wir uns unterhalten und seine Spiel-Aufforderungen ignoriert haben, hat er sich hingelegt. Jetzt kann er entspannen, und Martin Rütter lobt ihn zum Abschied.

Geschichte der Hund-Mensch-Beziehung

Die besondere Beziehung von Mensch und Hund hat bereits vor 20.000 bis 40.000 Jahren begonnen. Dass sich das Raubtier Wolf dem Menschen annäherte, hatte offenbar Vorteile für beide Seiten: größeren Jagderfolg für den Menschen und mehr Nahrungssicherheit für das Tier. Also wurde der Wolf als erstes Haustier zum Hund domestiziert. Mit Sesshaftwerdung, Ackerbau und Viehzucht und der damit verbundenen Vorratshaltung kam die Wach- und Schutzfunktion des Hundes dazu. Auch Kampf- und Hütehunde entwickelten sich später und der Zug-Hund wurde zum „Pferd des kleinen Mannes". Als Allesfresser übernahmen Hunde wohl auch hygienische Aufgaben: Sie sollen Lager und Dorf von Unrat freigehalten und sogar Kinderpopos gereinigt haben.

13 Rettungshundearbeit und Gesundheit

Luxi merkt es bereits im Kofferraum, wenn wir im Training sind. Schon bevor ich aussteige, winselt er dann, sonst tut er das im Auto nie. Im Training würde er am liebsten sofort loslegen, die Staffelkollegen begrüßen und mit seiner Suche starten. Pro Training kommt er in der Regel zwei Mal dran. Meistens stehen eine kürzere Suche mit etwa zehn Minuten und eine längere Suche mit ungefähr zwanzig Minuten Dauer auf dem Programm. Würde es länger dauern oder würden wir noch eine dritte oder vierte Suche anhängen, würde Luxi voller Motivation weitermachen. Aber wie viel ist gut für ihn?

Dr. Fritz Albrecht hat als Tierarzt vierzig Jahre lang die Lawinenhunde der Allgäuer Bergwacht versorgt (S. 85). Er war bei zahlreichen Lehrgängen im Schnee dabei und hat die Hundeführer und Hunde bei der Arbeit genau beobachtet. Er warnt davor, den Hund zu überfordern. Der Hund selbst kann nicht einschätzen, wie viel gut für ihn ist und schießt leicht über seine Grenze hinaus, sagt er. Albrecht zufolge ist es deshalb die Aufgabe des Hundeführers, den Hund auf ein gesundes Maß an Arbeit einzubremsen. Immer wieder hat er erlebt, dass Verletzungen am

Hund erst nach getaner Arbeit aufgefallen sind. Während der Suche folgt der Hund seinem Trieb und blendet Schmerzen oder Erschöpfung aus. Auch der Hundeführer kann während der Suche leicht Grenzen übersehen: „Die Hunde haben wahnsinnigen Spaß beim Einsatz, und das ist schön zu beobachten. Man ist als Hundeführer auch ein bisschen blind und ist erfüllt davon, dass man den Hund zum Erfolg führt. Und damit überfordert man ihn oft auch."

Der Tierarzt meint vor allem die geistige Überforderung. Wie Martin Rütter betont er, dass Abschalten für einen Hund wichtig ist. Körperliche Erschöpfungszustände hat er bei den Bergwacht-Hunden allerdings nie beobachtet. Im Training sucht ein Hund nie besonders lang am Stück, und auch im Einsatz achtet der Hundeführer darauf, ob der Hund eine Pause braucht. Da hilft es auch, dass Hundeführer und Hund nicht allein sind: „Sie haben ja bei den Übungen eigentlich immer die Gruppe dabei, und die anderen sagen es, wenn Sie zu viel fordern, oder wenn Sie die Fähigkeiten des Hundes nicht richtig erkennen. Dann werden Sie durch die Kollegen darauf hingewiesen, wie Sie es besser machen könnten."

Der Tierarzt erinnert sich an die Kameradschaft unter den Hundeführern, die in kritischen Situationen füreinander da waren: „Ja, zum Beispiel hatten wir mal Vergiftungsfälle, da wurde dem Hund Blut übertragen. Da kamen die Kollegen und brachten ihre Hunde als Blutspender. Das war damals eine Sensation, das war groß. Richtig schön war das." Nicht alle Notfälle sind gut ausgegangen. Und auch Arbeitshunde werden alt und krank. Manchmal konnte Dr. Fritz Albrecht nichts mehr für die Vierbeiner tun: „Das sind Abschiede von den Hunden, die einen Tierarzt zermürben, das sind wirklich traurige Abschiede. Das ist ein tägliches

Zusammenarbeiten, ein intensiverer Kontakt als bei einem Schoßhund. Der kann genauso geliebt werden und der kann auch einen schmerzhaften Abschied haben, aber wenn Sie erleben, dass so ein Mords-Mann von der Bergwacht heulend die Praxis verlässt mit der Hundeleine, das ist schon hart."

14 Hoffen und Bangen bei der Prüfung

Es ist ein trüber Herbstmorgen. Stellenweise verzögert dichter Nebel die Fahrt ins Unterallgäu. Vorsichtshalber bin ich extra früh aufgebrochen, denn heute muss alles klappen: Es ist der Prüfungstag. Ich bin aufgeregt und unsicher, obwohl ich weiß, dass ich mich auf meinen Hund verlassen kann. Luxi ist zwei Jahre alt. Er hat in den letzten Wochen zuverlässig gesucht und seine Sache richtig gut gemacht. Wir haben sogenannte Opferbilder geübt, das heißt, Luxi hat Menschen in unterschiedlichen Situationen angezeigt. Er weiß jetzt, dass er immer bellen muss, egal ob die Person zum Beispiel sitzt, liegt, vor sich hinredet oder versucht, ihn zu berühren. So gesehen ist Luxi auf die Prüfung gut vorbereitet. Trotzdem frage ich mich immer wieder, ob wir wirklich prüfungsreif sind. Staffelleiter Christoph Tiebel beruhigt mich und versichert mir, dass wir ein tolles Team sind: „Luxi ist gut ausgebildet, macht, was er soll. Das einzige Problem, das wir haben, bist du noch dabei: wenn du gelassen bist, schafft ihr das, wenn du ganz aufgeregt bist, wird's schwierig."

Die Realität ist hart: Über ein Drittel der Prüflinge fällt durch. Ein Fünftel entscheidet kurz vorher, doch nicht anzutreten. Die Prüfung müssen wir in einer fremden Umgebung vor uns unbekannten Prüfern ablegen. Zum Glück sind Luxi und ich nicht allein: mehrere Staffelkameradinnen und -kameraden sind mit ihren Hunden dabei. Auch unsere Ausbilder stärken uns den Rücken. Wir sind nicht die einzigen aus unserer Staffel, die heute zur Prüfung antreten: Die Rettungshundeteams der BRK-Hundestaffeln müssen die Prüfung alle eineinhalb Jahre wiederholen und so unter Beweis stellen, dass Hund und Hundeführer nach wie vor einsatzfähig sind. „Da bleibt auch bei den erfahrenen Trainern das Lampenfieber nicht aus", gibt Christoph zu. „Denn wenn ein Team dreimal versemmelt, ist es lebenslang gesperrt." So jedenfalls waren die Regeln bei Luxis erster Prüfung 2016. Inzwischen dürfen es sechs Versuche sein, so ist der Stress für Hund und Hundeführer nicht ganz so groß. Außerdem muss die Prüfung nun nur noch alle zwei Jahre aufgefrischt werden.

Am Anfang steht die Theorie auf dem Programm. Beim schriftlichen Teil legt sich meine Aufregung, die Beantwortung der Fragen fällt mir nicht schwer. Dann geht es hinaus in den immer noch kühlen, nebligen Herbstmorgen. Auf einem Sportplatz müssen sich die Prüflinge bei der sogenannten Kurzanzeige bewähren. Der Hund muss dabei noch nicht suchen. Er soll nur zeigen, dass er einen am Boden liegenden Menschen durch lautes, anhaltendes Bellen anzeigt und sich dabei anständig verhält: Er darf die Person nicht anstupsen oder kratzen. Wir müssen erst einmal zuschauen und warten, bis wir dran sind. Ich bemühe mich, ruhig zu bleiben, aber das ist nicht einfach. Ich darf Luxi nicht nervös machen. Nur gut, dass die Staffelkolleginnen moralische Unterstützung leisten! Endlich werden wir aufgerufen. Luxi weiß sofort, was zu tun ist, und rennt zu der liegenden Person. Er setzt sich vor sie und versucht zu bellen – aus seinem Maul kommen aber nur leise, zaghafte Japser. Im Training passiert ihm das auch manchmal, dass er vor Aufregung und Vorfreude darüber, dass er gleich sein Spielzeug bekommt, kaum einen lauten Beller herausbringt. Ich sehe den kritischen Blick der Prüferin: „Laut und anhaltend sollte es sein", sagt sie. „Im Wald bei Wind und Regen wäre Luxis Bellen schlecht zu hören. Bei der Suche im Wald muss es besser sein". Sie gibt uns eine schlechte Note, aber wir dürfen weitermachen. Mir fällt ein Stein vom Herzen: Das war knapp.

Als nächstes steht die Gehorsamsprüfung auf dem Programm, auch ein heikler Teil: Nur ein Kommando uneindeutig gegeben, einmal Pech, einmal Ablenkung, und schon fällt man durch und muss die Prüfung abbrechen. Zuerst soll Luxi etwa zehn Minuten allein und brav dort liegen bleiben, wo ich ihn abgelegt habe, ohne Sichtkontakt zu mir und ohne sich durch die anderen Hunde und Menschen auf dem Platz ablenken zu lassen – eine besonders schwere Übung für meinen Hund, der bei Aufregung gern wie ein Gummiball herumhüpft. Aber es klappt, er rührt sich nicht vom Fleck. Ich bin sehr erleichtert, als ich ihn abholen darf. Luxi schwänzelt, als wäre es heute ganz leicht für ihn gewesen. Er gibt mir das Gefühl, dass wir es heute schaffen können, und die restlichen Übungen laufen wie am Schnürchen: Wir gehen mit dem Kommando „Fuß" in einem vorgegebenen Laufschema über den Platz. Er geht an anderen Hunden und Personen vorbei, ohne sie zu beachten. An einer bestimmten Stelle sage ich „Sitz" und Luxi befolgt das Kommando umgehend, obwohl ich – wie es vorgeschrieben ist – schnurstracks weitergehe. Das klappt auch mit den Kommandos „Steh" und „Platz". Nur beim

Kommando „Voraus" ist der vierbeinige Prüfling übereifrig und läuft begeistert bis ans andere Ende des Sportplatzes. Dass ich „Platz" rufe, kann ihn nicht stoppen. Das sorgt für Heiterkeit bei den Zuschauern. Aber was sagen die Prüfer dazu? „Was wir gesehen haben, hat uns sehr gut gefallen. Wir hätten dafür ganz gerne den Einser vergeben, aber das Voraussenden, das war zwar ne wunderbare Distanz, Zaun erreicht, aber das Kommando kam nicht durch," meint die Prüferin. Sie fügt an, dass Luxi die Übung ansonsten wirklich schön ausgeführt hat und dass sie erkennen konnte, dass wir viel Arbeit ins Training investiert haben. Auch dieser Prüfungteil ist geschafft, und wir können uns in der Mittagspause kurz erholen.

Anforderungen an den Hundeführer

Für die Rettungshunde-Prüfung muss nicht nur der Hund, sondern auch der Hundeführer viel lernen. Voraussetzung ist ein Sanitätshelfer-Kurs mit Prüfung: Der Hundeführer muss wissen, wie Wunden und andere Verletzungen versorgt werden, er soll lebensbedrohliche Situationen erkennen und einen Patienten im Notfall wiederbeleben können. Daneben stehen für den Hundeführer Orientierung im Gelände, Suchtaktik, Hundelehre und Patienten-Betreuung auf dem Stundenplan. Im Einsatz hält der Hundeführer über Funk Kontakt zur Einsatzleitung. Deshalb muss er auch die Funkrufnamen und die Funkregeln beherrschen.

Nach der Mittagspause folgt der wichtigste Teil der Prüfung: die Suche im Gelände. Jetzt müssen Luxi und ich zeigen, dass wir harmonieren und ein gutes Team bilden. Der Einsatzwagen bringt uns aus dem Ort und parkt auf einem Feldweg. In einiger Entfernung sehen wir einen Wald, unser Suchgebiet. Aber zunächst heißt es wieder warten. Mit meinen Staffelkolleginnen gehe ich ein letztes Mal die Anforderungen durch: Wie versorge ich eine gestürzte Person, was tue ich bei Verdacht auf Schlaganfall? Das Schlimmste wäre, wenn der Hund alles richtig macht, aber der Hundeführer versagt. Eine Staffelkollegin, die ebenfalls gleich antreten muss, weiß, dass ihr Hund „sau-gern" sucht, aber sie hat Bedenken, dass sie Probleme bei der Orientierung im Suchgebiet bekommen könnte. Auch die anderen bekennen: „Da hab ich jetzt schon auch Schiss". Und wieder gilt es, Ruhe zu bewahren, damit sich unsere Aufregung nicht auf die Hunde überträgt.

Endlich kommt das Auto, um Luxi und mich abzuholen. Am Einsatzort schildert ein Helfer die Lage: Nach einer Party werden zwei junge Leute im Wald vermisst, vermutlich haben sie Drogen genommen. Ich bekomme eine Karte des Suchgebiets und das Funkgerät. Jetzt muss ich entscheiden, wie ich vorgehe. Innerhalb von zwanzig Minuten müssen wir die beiden Vermissten im Wald finden.

Ich prüfe zunächst mit Puder den Wind, damit ich weiß, wie ich Luxis Nase am besten einsetzen kann. Dann schicke ich den Hund los ins unwegsame Gelände. Er rennt los wie immer, läuft mit erhobener Nase zwischen den Bäumen hin und her, schnell hat er offenbar eine Witterung aufgenommen. Es dauert nicht lange, da startet er zielstrebig in eine Richtung durch und bellt laut und deutlich. Ich kann Luxi folgen und finde bei ihm einen jungen Mann, der scheinbar orientierungslos ist und wirres Zeug redet, aber unverletzt zu sein scheint. Ich kann den ersten Erfolg per Funk melden und gebe Luxi etwas Wasser. Auch das ist in der Prüfung und natürlich auch im echten Einsatz wichtig: Ich darf im Eifer des Gefechts nicht vergessen, an den Hund und seine Bedürfnisse zu denken. Aber wir dürfen nicht lange pausieren, sondern müssen uns auf die Suche nach dem zweiten Vermissten machen.

Nachdem es beim ersten so gut geklappt hat, bin ich schon viel entspannter. Und wirklich dauert es nur wenige Minuten, bis Luxi mit einem kräftigen Bellen eine weitere Person anzeigt. Ohne Hund hätte ich den jungen Mann nicht gefunden: er liegt verdeckt halb unter einem Baumstamm und ist in seiner dunklen Kleidung kaum zu sehen. Er scheint schwer verletzt zu sein und ist kaum ansprechbar. Jetzt darf ich keinen Fehler machen. Ich fordere über Funk Notarzt und Rettungswagen an, weil Verdacht auf eine schwere Wirbelsäulenverletzung besteht. Deshalb darf ich den Verunglückten auf keinen Fall bewegen, ich kann ihm nur gut zureden und ihn zudecken, damit er nicht zu viel Wärme verliert.

Für meine Erste-Hilfe-Maßnahmen bekomme ich sofort eine Rückmeldung: richtig gemacht. Der Helfer darf aus seinem unbequemen Versteck aufstehen, und ich kann mit Luxi zum nahen Waldweg zurückgehen, wo die Prüferin schon auf uns wartet. Sie ist positiv überrascht, dass Luxi hier im Wald so laut gebellt hat, ganz anders als am Morgen. Meine Suchansätze und Rettungsmaßnahmen waren gut. Auch Luxis Suchintensität und seine Beweglichkeit im Gelände werden gelobt. Nur die Führung auf Distanz, also wie er sich von mir lenken und zurückrufen lässt, fanden die Prüfer etwas zäh.

Daran müssen wir noch arbeiten. Insgesamt gibt es aber eine gute Note: „Wir haben es mit zwei beurteilt, herzlichen Glückwunsch!" Wir haben bestanden. Nach diesem Tag voller Anspannung kann ich es erst einmal noch gar nicht fassen, dass wir es wirklich geschafft haben. Es hagelt Glückwünsche von allen Seiten, und die Staffelkolleginnen stellen Luxi eine große Portion Futter hin. Ich knuddle meinen Hund und strahle wie ein Honigkuchenpferd. Zurück am Sportgelände, zaubert jemand eine Flasche Sekt aus dem Auto und lässt den Korken knallen. Wir stoßen auf unsere Ausbilder an. Und das Wichtigste: Luxi darf jetzt die offizielle Rettungshunde-Plakette mit dem BRK-Zeichen am Halsband tragen. Beim Fotografieren scheint er genauso stolz zu sein wie ich.

Banges Warten

Bei der Prüfungssuche

Glückliche Ausbilder und Prüflinge

Mit offizieller Rettungshunde-Plakette

15 Erster Einsatz

Vier Wochen später schlendere ich mit Freunden über den Weihnachtsmarkt in Kempten. Es riecht nach Glühwein, eine Kapelle spielt Weihnachtslieder. Da reißt mich der Handy-Alarm aus der vorweihnachtlichen Stimmung: Einsatz für die Rettungshundestaffeln, eine Vermisstensuche im südlichen Oberallgäu. Schlagartig ist die Stimmung verflogen, der Weihnachtsmarktbesuch muss ein anderes Mal nachgeholt werden. Eilig hebe ich Luxi ins Auto, fahre zum Treffpunkt, ziehe meine Einsatzkleidung an und steige mit dem Hund ins Einsatzfahrzeug um.

Ich bin aufgeregt: Es ist mein erster Einsatz, zu dem ich nicht als Helferin, sondern als Hundeführerin mit Luxi fahre. Auf der Fahrt zum Suchgebiet bespreche ich mit Ausbilder Thomas die Lage: In einem Pflegeheim wird ein 61-jähriger Mann vermisst. Es regnet, und die winterliche Kälte und Nässe können für den Vermissten schnell gefährlich werden. Auch für die Suche ist der Regen ungünstig, denn er drückt den Geruch nach unten, und ist deshalb für die Hundenase schwerer wahrzunehmen. Für meinen ersten Einsatz hätte ich mir andere Bedingungen gewünscht. Thomas macht mir aber Mut: Es geht ein leichter Wind, und die Suche bei Dunkelheit sind wir längst gewöhnt. Von daher dürften wir aus seiner Sicht keine Probleme haben. Außerdem begleitet mich nicht – wie sonst üblich – nur ein Helfer ins Suchgebiet, sondern es können mich zwei Staffelkolleginnen begleiten. Sabrina erklärt sich bereit, die Straße für Luxi abzusichern, und Soffie unterstützt mich dabei, die Suchtaktik festzulegen. Luxi ist wie immer voller Tatendrang und wartet ungeduldig darauf, dass es endlich losgeht. Auf das Kommando „Such" rast er los und springt durchs Gebüsch und durchs hohe Gras. Schon bei Tageslicht wäre das Suchgebiet unübersichtlich. Jetzt in der Nacht wäre ein Mensch selbst mit einer starken Taschenlampe chancenlos. Auf einer Freifläche entdecke ich einen Schuh. Könnte er dem Vermissten gehören? Beim näheren Hinsehen entpuppt sich die Sandale allerdings als Damenschuh. Luxi ist weiterhin mit großem Eifer bei der Sache, kämpft sich durchs Gebüsch, rennt große Strecken und lässt sich von mir brav in jeden Winkel schicken. Nach etwa zwanzig Minuten ist unser Suchgebiet komplett abgesucht, ohne weiteres Ergebnis. Luxi kommt wieder an die Leine. Damit die Suche für den Hund nicht erfolglos bleibt, versteckt sich Staffelkollegin Soffie. Natürlich hat er sie rasch gefunden, bellt sie an und darf als Belohnung mit seinem grünen Ball spielen. Diese Motivation ist wichtig, damit der Hund mit Freude bei der Sache bleibt.

Für uns Menschen geht der Einsatz dagegen enttäuschend zu Ende: Gegen 21 Uhr beschließt die Einsatzleitung aller beteiligten Hilfsdienste, die Suche erfolglos abzubrechen. Die Hinweise, wo der Vermisste sich befinden könnte, sind zu unterschiedlich. Das Suchgebiet müsste so ausgeweitet werden, dass eine konzentrierte Suche nicht mehr sinnvoll ist. Der Einsatzleiter dankt allen Teams samt Hunden und wünscht uns eine gute Heimfahrt.

Eine abgebrochene Suche hinterlässt immer Unsicherheit bei den Einsatzkräften. Auch bei mir. Auf der Rückfahrt geht mir immer wieder durch den Kopf, wo der Mann sein könnte. Ich weiß, dass ich Luxi vertrauen kann, dass er gut arbeitet. Aber wenn die Bedingungen schlecht sind, so wie an diesem Tag, können Fehler passieren. Ich frage mich, ob meine Suchtaktik richtig war. Als Hundeführer muss man mit der Angst leben, dass die vermisste Person später doch noch in dem abgesuchten Gebiet gefunden wird. Dann bleibt die Frage, ob sie erst nach der Suche dorthin geraten ist oder ob der Hund sie nicht angezeigt hat. Das könnte zum einen daran liegen, dass die Person schon tot war, denn der Hund ist nicht speziell darauf trainiert, Tote zu suchen. Zum anderen können Mensch und Tier aber auch schlichtweg Fehler machen. Über allem steht deshalb die bange Frage: Haben wir alles richtig gemacht, sorgfältig genug gearbeitet, nichts übersehen? Hätten wir den Vermissten mit einer anderen Suchtaktik vielleicht finden und ihm helfen können? Beim Einsatz im südlichen Oberallgäu bleibt uns ein längeres Grübeln erspart: Am nächsten Tag erfahren wir, dass der Mann wohlbehalten in einer Nachbarstadt gefunden wurde, weitab von unserem Suchgebiet. Mir fällt ein Stein vom Herzen, dass unser erster Einsatz trotz ergebnisloser Suche letztlich gut ausgegangen ist.

16 Wenn Hilfe zu spät kommt

Immer wieder beschäftigt mich die Frage, wie es wohl ist, einen toten Menschen zu finden. Bei einem Einsatz im Hochsommer bekommen wir die Nachricht über einen solchen Fund über Funk: Ausbildungsleiterin Ulli hat mit ihrer Hündin Mücke und Helferin Jana die vermisste junge Frau leblos im Gebüsch gefunden. Versuche, sie wiederzubeleben, bleiben erfolglos.

Als wir uns etwa eine Stunde später bei der Einsatzleitung wiedertreffen, umarmen wir Ulli und Jana und fragen nach, wie es ihnen mit ihren Eindrücken geht. Sie sehen aufgewühlt, aber gefasst aus. Wenn ein Einsatzhelfer nach einem solchen Einsatz psychologische Unterstützung braucht, gibt es ehrenamtliche Helfer und Psychologen, an die er sich wenden kann. Doch das ist diesmal nicht nötig. Jana sagt, sie habe sich bei den Wiederbelebungsversuchen wie in einem Film gefühlt. Auch wenn es für sie die erste solche Erfahrung war, habe sie ohne nachzudenken ihr erlerntes Können „abgespult". Ulli ist schon über zwanzig Jahre Rettungshundeführerin, und es war für sie nicht das erste Mal, dass sie einen

Menschen tot gefunden hat. „Es geht alles in die Höhe, der Herzschlag geht hoch, man fängt an zu zittern, das Adrenalin schießt in einem hoch. Und das ist auch gut so, weil das einen auch schützt. Man geht dann ganz routiniert vor. In dem Moment ist so viel Adrenalin in einem, dass man einfach sein Ding macht". Aber Ulli sagt auch: „Klar, das Bild, das man sieht vor Ort, das geht nie wieder weg", um dann zu relativieren: „Aber für mich ist das so, dass ich mich so drauf vorbereitet habe, dass das gar nicht schlimm ist." Ulli sagt, dass für sie auch ein Fund eines Toten letztlich eine erfolgreiche Suche ist. Und am wichtigsten ist, dass der Fund den Angehörigen Gewissheit verschafft. Er nimmt zwar die Hoffnung, aber auch die bedrückende Ungewissheit.

17 Grenzen im Einsatz

Ein Abend im November. Ich bin bei einer Freundin zu Besuch, wir kochen Nudeln mit Lachs und Zucchini zum Abendessen. Gerade haben wir unser Teller leer, als etwa um 21 Uhr mein Handy-Alarm geht: ein Einsatz im Ostallgäu. Seit 16 Uhr wird eine ältere Frau mit Demenz vermisst. Schnell verabschiede ich mich, hole Luxi zuhause ab und fahre mit einer Staffelkollegin und unseren zwei Hunden im Einsatzauto zum Treffpunkt. Vor Ort treffen wir noch fünf weitere Staffelmitglieder und unseren Staffelleiter, der den Einsatz leitet. Von ihm erfahren wir, dass die Dame mit einem Angehörigen einen Kaffee trinken war. Sie wollte auf die Toilette und hat wohl aus Versehen das Gebäude verlassen. Als dem Begleiter auffiel, dass sie zu lange nicht zurückkehrte, und er die Seniorin zu suchen begann, war sie auf den umliegenden Straßen nicht mehr zu finden.

Zunächst suchten am Nachmittag und frühen Abend Polizisten mit einem Mantrailer (S. 67) das Gebiet ab. Da diese Suche erfolglos blieb, wurden drei weitere Mantrailer- und 14 Flächenhunde-Führer, die Bergwacht mit Drohnen und rund fünfzig Feuerwehrkräfte nachalarmiert. „Außerdem hat die Wasserwacht Seen und Flüsse in der Nähe bereits abgesucht", sagt unser Staffelleiter Christoph. Er macht uns den Ernst der Lage klar: „Da sie ja auf Toilette gehen wollte, könnte es sein, dass sie in ein Gebüsch gegangen und dort eine Böschung hinabgestürzt ist. Die Nacht wird kalt, deshalb sollte sie schnell Hilfe bekommen."

Luxi und ich bekommen ein Suchgebiet in der Nähe eines Flusses zugeteilt. Staffelkollege Roland begleitet mich als Helfer, übernimmt den Funk und die Orientierung mit GPS und Karte. Als ich Luxi zur Suche ansetze, rennt er hochmotiviert los. Zunächst suchen wir eine Wiese am Fluss ab, dann umrunden wir ein kleines Wohngebiet. Luxi lässt keinen Winkel aus. Es geht ein leichter Wind, was ihm die Suche sichtlich erleichtert. Einmal bekommt er einen Feuerwehr-Mann in die Nase, der etwa hundert Meter entfernt das Gelände absucht. Im gestreckten Galopp rennt Luxi auf ihn zu. Als er bemerkt, dass der junge Mann gut zu Fuß und deshalb offensichtlich nicht die vermisste Person ist, dreht er wieder ab und sucht mit Vollgas weiter. Er genießt wohl das kühle Wetter und ist in Hochform.

Als wir das Suchgebiet abgesucht haben, schaue ich auf die Uhr: Luxi hat fast eine Stunde lang ohne größere Pausen gesucht. So lang haben wir noch nie am Stück gearbeitet. Zur Belohnung versteckt sich Staffelkollege Roland, Luxi darf ihn finden, anbellen und bekommt sein Bällchen zugeworfen. Er spielt ausgelassen mit Roland, immer wieder bringt er ihm das Bällchen, damit er es noch einmal wirft oder an der Schlaufe am Bällchen zerrt. Luxi zeigt keinerlei Anzeichen von Müdigkeit, trotzdem bin ich sicher, dass er jetzt erstmal eine Pause braucht. Ich setze ihn ins Einsatzauto, und wir fahren zurück zur Einsatzleitung.

Mantrailer

Ein Mantrailer – auch Personenspürhund genannt – verfolgt die Spur eines einzelnen Menschen. Das heißt, er zeigt nicht jeglichen menschlichen Geruch an wie der Flächensuchhund. Stattdessen bekommt er zu Beginn der Suche einen persönlichen Gegenstand der vermissten Person vor die Nase gehalten. Dann soll er – mit dem Hundeführer hinter sich an der Leine – die frischeste Spur genau dieser Person verfolgen. Der Hund kann das Alter der auf der Spur verlorenen Hautschuppen so genau einstufen, dass er anzeigen kann, in welche Richtung der Mensch zuletzt gegangen ist. Das hilft, im Einsatz zu bestimmen, in welche Richtung der Vermisste das Haus, sein Auto oder den letzten Sichtungspunkt verlassen hat. Erst wenn sich die genaue Spur verliert, kommen die Flächensuchhunde zum Einsatz. Das spart im Idealfall viel Zeit, da so nicht das komplette Umfeld, sondern nur Gebiete in der richtigen Suchrichtung abgesucht werden müssen.

Als um etwa ein Uhr alle Suchteams an der Einsatzleitung eingetroffen sind, fehlt von der älteren Frau noch immer jede Spur. Christoph fragt, ob wir bereit sind, noch weitere Suchgebiete abzusuchen. Mein erster Impuls ist „ja", denn die ältere Frau muss so schnell wie möglich gefunden werden, damit ihr eine Überlebenschance bleibt. Dann allerdings kommen Zweifel auf: Kann Luxi noch eine weitere Stunde so engagiert suchen, oder überfordere ich ihn damit so sehr, dass er eine Person möglicherweise gar nicht mehr sicher anzeigen würde? Die zweite Frage: Bin ich nach noch weniger Schlaf fahrtüchtig, wenn ich am nächsten Morgen um sieben Uhr den ersten Termin für die Arbeit habe? Ich will dann weder andere Verkehrsteilnehmer noch mich selbst durch meine Übermüdung gefährden. Eine Freistellung, wie manche Feuerwehr-Mitglieder sie nach Einsätzen bekommen, kann ich in meinem Beruf leider nicht haben. Also sage ich auf Christophs Frage „nein". Er fragt die weiteren Hundeführer, die rechts und links von mir stehen. Die meisten verneinen, und wir treten den Heimweg an.

Als ich mich um etwa halb drei ins Bett lege, fühle ich mich schlecht. Hätten wir die ältere Frau noch finden können? Liegt sie in einem der Suchgebiete, die noch nicht abgearbeitet waren, und leidet? Ich tröste mich mit dem Gedanken, dass die Einsatzleitung weitere Rettungshundestaffeln nachalarmieren und erschöpfte Suchteams ersetzen kann. Schließlich kann ich einschlafen, und meine ohnehin schon kurze Nacht wird nicht noch kürzer.

Am nächsten Morgen, bevor ich zu meinem Termin fahre, lese ich den Einsatzbericht der Suche in meinen E-Mails. Um drei Uhr wurde die Suche erfolglos abgebrochen. Das versetzt mir einen Stich: Hatte ein Mangel an einsatzbereiten Hundeführern dazu geführt? Hätte ich doch noch ein Suchgebiet übernehmen sollen? Ich weiß, dass das wahrscheinlich nichts daran geändert hätte, dass die Suche ergebnislos geblieben ist. Trotzdem bleibt mir ein schlechtes Gefühl, nicht „ja" gesagt zu haben und der vermissten Frau diese vielleicht letzte Chance nicht gegeben zu haben.

18 Kontakt mit einem Betroffenen

Luxi liegt auf seinem Schlafplatz, ich habe mich nach der Arbeit auf dem Sofa ausgestreckt. Wir sind nach dem Einsatz der Nacht zuvor müde, aber ich kann noch nicht schlafen. Immer wieder geht mir durch den Kopf, wo die demente Seniorin aus dem Ostallgäu jetzt wohl ist. Wenn noch mehr Zeit verstreicht, wird die Wahrscheinlichkeit, die Frau lebend zu finden, immer kleiner. Es macht mich traurig. Trotzdem: Wenn wir kein weiteres Mal alarmiert werden, ist der Einsatz für uns abgeschlossen. Für die Angehörigen dagegen verändert sich mit dem Tag des Verschwindens alles: Sie wollen auch ein letztes Fünkchen Hoffnung nicht aufgeben. Sie machen sich Vorwürfe, ihren dementen Angehörigen nicht lückenloser beaufsichtigt zu haben. Sie fragen sich, ob sie wirklich alle Such-Möglichkeiten ausgereizt haben.

Was in Angehörigen vorgeht, habe ich hautnah in einer früheren Wohngemeinschaft miterlebt: Einmal klingelte das Telefon, und ein Polizist wollte mit meinem Mitbewohner sprechen. Nach dem Telefonat erzählte er mir, dass es um seinen Opa geht. Der 82-Jährige war dement und als seine Frau beim Heimradeln kurz am Gartenzaun der Nachbarn anhielt, radelte er weiter. Seine Frau dachte, er würde nach Hause fahren, aber dort war er später nicht. Seither fehlt von ihm jede Spur. Im Wohngebiet hat ihn niemand gesehen. Deshalb liegt der Verdacht nahe, dass er sich in dem großen angrenzenden Waldstück verirrt hat. In den ersten Tagen suchten Polizisten, ein Hubschrauber und die dort zuständigen Rettungshundestaffeln nach ihm, allerdings ohne Erfolg. Um die Sucharbeiten am Laufen zu halten, hat mein Mitbewohner anschließend Freunde zusammengetrommelt. Auch privat organisierte Hundestaffeln hat er um Hilfe gebeten, um möglichst große Teile des Waldstücks abzusuchen. Sie können – anders als die Rettungshundestaffeln des BRK – auch ohne Auftrag der Polizei ausrücken. Als einige Tage vergangen waren, seit sein Opa verschwunden war, machte sich bei meinem Mitbewohner Verzweiflung breit. „Weißt Du, für was man in dieser Situation keinerlei Verständnis hat?", fragt er mich. „Wenn Hundeführer abreisen mit der Begründung, erfolgloses Suchen sei auf Dauer zu demotivierend für ihren Hund." Die Motivation eines Hundes erschien für ihn verständlicherweise geradezu lachhaft unwichtig im Vergleich zu der Möglichkeit, seinen Opa wiederzufinden.

Auch noch Wochen später schien der alte Mann wie vom Erdboden verschluckt zu sein. Weder das Fahrrad noch der Helm oder andere Kleidungsstücke wurden gefunden. Bei meinem Mitbewohner kamen neue Ängste auf: Wenn sein Opa doch

nicht in das Waldstück gefahren ist? Wenn er zu jemandem ins Auto eingestiegen ist? Wenn ihm jemand etwas angetan hat oder er irgendwo festgehalten wird?
Gut ein Jahr später verschwand in derselben Straße nur wenige Häuser entfernt eine Frau. Auch von ihr sind nie Spuren aufgetaucht. Für meinen Mitbewohner und seine Familie erneut ein Grund, sich Sorgen zu machen: Haben die Vermisstenfälle etwa denselben, kriminellen Hintergrund? Hatten die beiden gemeinsame Bekannte? Die Medien berichteten über die „unheimliche" Geschichte. Die Polizei sieht trotz der räumlichen Nähe aber keinen Zusammenhang zwischen den beiden Fällen. Es heißt, man gehe von einem Zufall aus.

Über vier Jahre nach dem Verschwinden seines Opas erzählte mir mein Mitbewohner, dass der Fall jetzt in einer Fernsehsendung thematisiert werde. Wieder die Hoffnung, dass wertvolle Hinweise eingehen würden. Wieder die Enttäuschung, dass es keine neuen Zeugen oder Erkenntnisse gibt. Nach fünf Jahren wurde der Opa für tot erklärt, und die Familie organisierte eine Trauerfeier. Offiziell war die Suche nun zu Ende. Im Kopf meines Mitbewohners wird sie aber wohl nie beendet sein.

Im Februar, etwa vier Monate nach dem Einsatz im Ostallgäu, bringt der Polizeibericht die traurige Gewissheit: Die ältere Frau ist von Passanten zufällig tot entdeckt worden. Keine gute Nachricht, trotzdem bin ich erleichtert darüber, weil die Angehörigen nun Gewissheit haben, eine Beerdigung feiern und eines Tages vielleicht wieder unbeschwert sein können. Was mein „nein" zu einem weiteren Suchgebiet angeht, hadere ich noch immer. Ich versuche mich mit dem Gedanken zu trösten, dass wir der älteren Frau mit der Suche immerhin eine Chance gegeben haben. Auch wenn es schwer ist, erfolglos abzubrechen: Keiner der Suchenden sollte über seine Grenzen gehen und eventuell weiteres Leid verursachen, indem er sich selbst oder andere gefährdet.

19 Erfolg für die Staffel

Ich bin gerade bei meinen Eltern am Bodensee zu Besuch, liege spät abends auf dem Sofa und döse. Plötzlich klingelt mein Handy: ein Einsatz im Allgäu. Ich springe auf und fange an, meine Sachen zu packen. Meine Mutter ist überrascht: „Um diese Zeit willst du noch ins Allgäu fahren? Es ist doch schon so spät!" – „Spät ist es meistens, wenn ein Einsatz kommt", sage ich, gebe ihr einen Kuss und nehme Luxi an die Leine. „Lass sie fahren", sagt mein Vater zu meiner Mutter, und beide drücken mich zum Abschied.

Um ein Uhr in der Nacht, nach gut eineinhalb Stunden Fahrt, komme ich am Einsatzort an und melde mich bei der Einsatzleitung. Wir suchen eine Frau Mitte sechzig, die wohl verwirrt ist. In einem nahegelegenen Schrebergarten soll sie in den Tagen zuvor öfters aufgefallen sein, weil sie orientierungslos herumirrte. Vermisst gemeldet wurde sie nicht, aber die Beobachter aus dem Schrebergarten gehen wegen ihres verwirrten Zustands davon aus, dass sie Hilfe braucht.

Ich bekomme eine Karte mit meinem Suchgebiet, und die Einsatzleitung teilt mir Mark als Helfer zu. Mit dem Einsatzauto fahren wir zu unserem Suchgebiet. Plötzlich lässt uns ein aufgeregter Funkspruch aufhorchen. „Anzeige, Person gefunden, melden uns in Kürze". Mark und ich schauen uns an: War das nicht Janas Stimme? Jana begleitet Staffelkollegin Sonja heute bei der Suche mit Hündin Mika. Nur wenige Sekunden später haben wir Gewissheit. Sonja gibt am Funk durch: „Person bei Bewusstsein, Atmung und Kreislauf stabil". Mark und ich freuen uns, drehen sofort um und fahren zurück zur Einsatzleitung. Der Hubschrauber leuchtet das Gelände mit einem Scheinwerfer aus und fliegt so tief, dass wir uns kaum unterhalten können. Also strahlen wir uns einfach nur gegenseitig an und blicken in viele weitere strahlende Gesichter. Zu einer erfolgreichen Suche beigetragen zu haben, ist ein schönes Gefühl für alle – von demjenigen, der die Suchgebiete einteilt, bis zu dem, der für die Verpflegung an der Einsatzstelle sorgt. Etwa nach einer Viertelstunde fährt Sonja im Einsatzauto vor. Sie und Jana helfen der verwirrten Frau, aus dem Auto auszusteigen, und übergeben sie an den Rettungsdienst. Dann haben auch die beiden Zeit, zu strahlen und sich über ihren Fund zu freuen. „Es war verrückt", sagt Sonja. „Plötzlich ist Mika ins Gebüsch gesprungen und hat gebellt." Auch Jana konnte es erst gar nicht glauben, dass Mika tatsächlich die vermisste Frau gefunden hat. Doch sie war es tatsächlich, war ansprechbar und sichtlich erleichtert, dass sie aus ihrer misslichen Lage befreit wurde. Noch lange sind wir in dieser Nacht auf dem Parkplatz der Einsatzleitung stehen geblieben, selbst dann, als die Einsatznachbesprechung längst vorbei war. Es war einfach schön, gemeinsam den Moment zu genießen. Für die Staffel ist der „Lebendfund" – so der Fachausdruck im Einsatzbericht – ein richtiges Fest. Sonja wollte dabei nicht allein im Mittelpunkt stehen: „Das sind ja nicht nur ich und der

Hund, sondern die ganze Staffel hängt da mit dran. Jeder von uns versteckt sich im Training für die Hunde und ist wichtig für die Ausbildung. Ein Lebendfund – wenn man einmal das Glück hat, das erleben zu dürfen, dann weiß man, warum man das macht."

20 Alltag mit einem Rettungshund

Luxi zieht ein Stöckchen aus dem Gestrüpp. Er nimmt es in der Mitte ins Maul, trägt es im Galopp zu mir und legt es mir vor die Füße. Damit ich beim Weiterspazieren nicht darüber stolpere, muss ich jetzt eine von zwei Möglichkeiten wählen: Entweder ich steige mit einem großen Schritt darüber und widerstehe seinen funkelnden Knopfaugen. Oder ich hebe das Stöckchen auf, werfe es und beobachte Luxi dabei, wie er dem Stock mit Freudensprüngen hinterherjagt. Ich weiß, dass eigentlich der Hundeführer entscheiden sollte, wann gespielt wird und wann nicht. Oft gebe ich trotzdem nach und gehe auf Luxis Spielaufforderung ein. Ich freue mich, dass er mit fünf Jahren noch so viel jugendlichen Schwung hat. Fremde fragen mich wegen seiner aufgeweckten Art manchmal, ob Luxi überhaupt schon ausgewachsen ist, und halten ihn für einen Junghund.

Im Training ist Luxi zu einem Routinier geworden: Er kennt seine Aufgabe und hat großen Spaß daran, sie zu erfüllen. Manchmal wird er zu selbstständig und lässt sich nicht gut genug lenken. Dann muss ich das Rückrufen während der Suche wieder öfter einbauen und ihn belohnen, wenn er es richtig macht. Damit er hin und wieder auch etwas ganz Neues lernt, bringe ich ihm zu Hause zum Spaß Tricks bei. Männchen machen, Leckerchen fangen, meine Füße als Stelzen benutzen – all das macht ihm große Freude, und er lernt schnell dazu. Manchmal verstecke ich ihm in der Wohnung ein Spielzeug. Das sucht er ausdauernd, und wenn er es findet, trägt er es stolz auf seinen Platz.

Natürlich muss sich Luxi aber auch oft als Nebendarsteller in meinem Alltag einordnen: Er guckt zu, wenn ich koche, und freut sich, wenn mir ein Stück Käse auf den Boden fällt. Er liegt da und schläft genüsslich, während ich arbeite oder den Haushalt mache. Er sitzt etwas genervt daneben, wenn ich auf meine Nichte aufpasse und ihm die helle Kinderstimme zu laut ist. Er macht alles brav mit – ob ich in einem Restaurant essen gehe oder in der Stadt Besorgungen mache. Wo ich meine Hand für ihn allerdings nicht ins Feuer legen kann: wenn Lebensmittel sehr nah an der Tischkante stehen. Dann brauche ich mich nur umzudrehen oder den Raum zu verlassen, schon nutzt er seine Chance, springt hoch und klaut sich den Leckerbissen. Wegen seiner Krankheit und der Heißhunger-Nebenwirkung seiner Medikamente war ich damals zu verständnisvoll zu dem kleinen Dieb. Und bis jetzt habe ich es nicht geschafft, ihm diese Unart auszutreiben.

„Es gibt Tage, an denen wirst Du es bereuen", hat jemand zu mir gesagt, bevor ich mich für Luxi entschieden habe. „Ein Hund bedeutet auch viel Arbeit, Angebundenheit, Ärger." Jetzt, nach fünf Jahren mit Luxi ziehe ich ein ganz anderes Fazit: Jeder Tag ist schöner mit meinem treuen Begleiter. Wenn ich seinetwegen nach draußen gehe, selbst bei sturzbachartigem Regen, dann tut es auch mir gut. Wenn er mich in der Erziehung herausfordert, lerne ich mich selbst besser kennen. Und was ebenfalls wichtig ist: Mit ihm ist Rettungshundearbeit zu einem schönen Teil meines Lebens geworden. Ein Hobby, das einen Sinn hat, Menschen zusammenschweißt und viel Freude macht. Luxi habe ich viel zu verdanken!

Skitouren

Urlaub in Norwegen

Als Osterhase

Erster Ausflug ans Meer

Unsere Interview-Partner

Doris Hoffmann und ihr Mann Thomas Hoffmann züchten in Gersthofen unter dem Namen "Lech-Toller Nest" seit 1995 Nova Scotia Duck Tolling Retriever. Ihnen ist eine liebevolle, verantwortungsbewusste Hausaufzucht wichtig und sie legen Wert darauf, dass ihre Hunde gesund, wesensfest und arbeitsfreudig sind. Mit ihren Hunden nehmen sie regelmäßig an Jagdprüfungen teil, engagieren sich ehrenamtlich im Deutschen Retriever Club und als Verbandsrichter.

Imke Janthur arbeitet als Fachärztin für Kleintiere in der Kleintierklinik in Wasserburg am Bodensee und in einer Tierarztpraxis in Wangen. Vorher hat sie an der Klinik für kleine Haustiere der Tierärztlichen Hochschule Hannover promoviert und Tiere behandelt. Darüber hinaus engagiert sie sich für die Erziehung verhaltensauffälliger Hunde und in dem Grundschulprojekt „Beißt der? – Bissprävention für Kinder". Ihr Golden Retriever Schulhund Monty ist mittlerweile mit dreizehn einhalb Jahren in Rente.

Martin Rütter gilt als derzeit bekanntester Hundetrainer und Tierpsychologe in Deutschland. Seit den 1990er Jahren ist er durch Fernsehsendungen wie "Der Hundeprofi" und Bühnenprogramme wie "Hund-Deutsch/Deutsch-Hund" bekannt geworden. Als Hundetrainer hat er die Methode D.O.G.S. (Dog Orientated Guiding System = am Hund orientiertes Führungssystem) entwickelt. Nach dem am Hund orientierten, gewaltfreien Führungssystem arbeiten inzwischen zahlreiche Hundeschulen.

Dr. Fritz Albrecht, Tierarzt im Ruhestand, hat vierzig Jahre lang die Hunde der Bergwacht im Allgäu betreut. Anlass für sein Engagement war das schwere Lawinenunglück 1965 auf der Zugspitze mit zehn Toten und zahlreichen Verletzten. Albrecht und seine Frau waren mit ihren Skiern am Berg und konnten als erste Mediziner sofort Hilfe leisten. Damals waren auch Lawinenhunde im Einsatz und Albrecht erkannte, dass gut ausgebildete Suchhunde Menschenleben retten können.

Danksagung von Viktoria Wagensommer

Zuallererst Danke an die Rettungshundestaffel Oberallgäu beim Bayerischen Roten Kreuz. Ohne die Hilfe der Staffelkollegen und vor allem der Ausbilder wären Luxi und ich nie zu einem geprüften Rettungshundeteam geworden. Die Gespräche zur Recherche für das Buch waren sehr interessant und offen. Auch meinem ehemaligen Mitbewohner, der über den Vermisstenfall seines Opas berichtet hat, möchte ich dafür danken.

Ein herzliches Dankeschön an meine Mama, die während der Fertigstellung des Buchs für den Anfang jedes Kapitels eine Illustration gemalt hat. Sie geben dem Buch viel Leben! Unterstützt hat sie mich auch als Lektorin, genau wie meine Freundin Martina Wengenmeir und mein lieber Freund Peter. Danke an alle, die Fotos beigesteuert bzw. bearbeitet haben. Ein großes Dankeschön geht an meine Co-Autorin Anna Marie Birken, von deren Erfahrung beim Bücher-Schreiben ich profitieren konnte. Und nicht zuletzt: Danke Luxi, dass Du den Stoff für das Buch geliefert hast!

Danksagung von Anna Marie Birken

Ich schließe mich meiner Co-Autorin an und danke der BRK-Rettungshundestaffel Oberallgäu für die vertrauensvolle Zusammenarbeit. Mein Dank gilt auch allen anderen Beteiligten, die zum Gelingen dieses Buches beigetragen haben. Vor allem danke ich Vicky Wagensommer, die von der Buch-Idee sofort begeistert war und sich mit großem Engagement an die Umsetzung gemacht hat. Den Anstoss gab eine gemeinsame Radio-Sendung für den Bayerischen Rundfunk, für die wir die Entwicklung Luxis vom Welpen bis zur Rettungshunde-Prüfung zwei Jahre lang beobachtet und dokumentiert haben. Im Buch konnten wir weitere Erfahrungen und erste Einsätze berücksichtigen und zusätzliche Informationen zum Thema Rettungshund einarbeiten. Es ging mir auch darum, die Situation der Hundeführer zu beleuchten, die mit großem, ehrenamtlichem Engagement und Zeitaufwand für die Allgemeinheit tätig sind und dabei auch physischen und psychischen Belastungen ausgesetzt sind. So durfte ich als Journalistin oft bei Übungen der Lawinenhundestaffel der Allgäuer Bergwacht dabei sein und deren Arbeit kennenlernen. Auch dafür ein großes „Danke" an alle Hundeführer, die ehrenamtlich in der Rettungsarbeit tätig sind.

Bildnachweis

Doris Hoffmann: Bild S. 10 links oben
Roland Kühnl: Bilder S.17 unten links und S. 38 links oben und unten
Sonja Bingger: Bild S. 17 rechts
Michael Feneberg: 10 links unten
Marianne Bitsch: alle Bilder S. 58
Viktoria Wagensommer: Bilder S. 10 rechts oben, rechts unten, Bild S. 17 oben, Bild S. 38 rechts, S. 69, alle Bilder S. 82

Weitere Titel von Anna Marie Birken

Schlüsselkind – Eine Kindheit in den 50er Jahren

Die große Puppe ist ein Sonntags-Spielzeug, viel zu schade für den Alltag, und ein Tretroller bleibt für Mädchen ein Wunschtraum. Anna Marie Birken erinnert sich an eine Kindheit ohne Kühlschrank und Fernseher, Waschmaschine und Telefon, Handy oder PC: Die Autorin schildert das Leben in den 50er Jahren ohne nostalgische Verklärung. Ein Waschtag bedeutet Schwerstarbeit für die Frauen, der Kuchen muss ohne elektrisches Rührgerät gelingen. Für Kinder ist es selbstverständlich, überall mit zu helfen, wo kleine Hände gebraucht werden. Trotz zahlreicher Pflichten bleibt viel Freiraum für Spiele im Wald oder im verbotenen Bunker. Die Kriegsfolgen sind noch allgegenwärtig, aber die Erwachsenen sprechen nicht darüber. Die Autorin erzählt auch von verschwiegener Sexualität und von der Benachteiligung der Frau, die schon die Kinder-Erziehung prägt.

Aber ein selbständiges „Schlüsselkind", das ohne Vater aufwächst, ist nicht immer so brav, wie es von Mädchen erwartet wird. Aus dem Blickwinkel eines scharf beobachtenden Kindes werden Ungerechtigkeit und Ungleichheit, aber auch Geborgenheit deutlich. Die Episoden aus dem Alltag lassen eine typische Nachkriegskindheit lebendig werden.

ISBN 9789463423472
annamariebirken.com
vonjournalisten.de/annamariebirken

Dackelblick und Ringelschwanz – Erlebnisse mit Hunden

„Der Vierbeiner begrüßte mich überschwänglich, indem er schweifwedelnd versuchte, seine Pfoten auf meine Schultern zu legen und mir das Gesicht abzuschlecken. Ich konnte mich gerade noch im Türrahmen abstützen, schließlich wog der Hund fast so viel wie ich." Das war die erste Begegnung mit Götz, dem gutmütigen Riesen und Liebling der Hundedamen. Die Journalistin und Autorin Anna Marie Birken lebt seit der Kindheit mit unterschiedlichsten Hunden zusammen, vom Doggen-Mischling über den Terriermix mit Ringelschwanz bis zum Dackel. Jeder Hund hat seinen eigenen Charakter und jeder ist eine Herausforderung für seine Menschenfamilie, denn jeder stammt aus zweiter Hand mit weitgehend unbekanntem Vorleben. Die Autorin erzählt mit viel Humor von den Erlebnissen mit diesen „Überraschungspaketen". Sie berichtet auch, wie sich die Ansichten zur Hundeerziehung in den letzten Jahrzehnten gewandelt haben und erzählt augenzwinkernd, warum die Vierbeiner trotz der Erkenntnisse moderner Verhaltensforschung nicht immer das tun, was ihre Menschen wollen.

ISBN 9789463181990
ISBN e-Pub: 3180000064
annamariebirken.com
www.vonjournalisten.de/annamariebirken